仪表工识图

张德泉　主编
于秀丽　康明江　副主编

化学工业出版社
北京科艺电子出版社
·北京·

图书在版编目（CIP）数据

仪表工识图/张德泉主编．—北京：化学工业出版社，2005.10 （2025.5重印）

ISBN 978-7-5025-7740-7

Ⅰ.仪…　Ⅱ.张…　Ⅲ.仪表-电路图-识图法　Ⅳ.TH702

中国版本图书馆CIP数据核字（2005）第119428号

责任编辑：廉　静　王丽娜　　　　文字编辑：徐卿华
责任校对：战河红　　　　装帧设计：胡艳玮

出版发行：化学工业出版社（北京市东城区青年湖南街13号　邮政编码100011）
印　　装：河北延风印务有限公司
787mm×1092mm　1/16　印张 $10\frac{3}{4}$　插页1　字数259千字　2025年5月北京第1版第19次印刷

购书咨询：010-64518888　　　　售后服务：010-64518899
网　　址：http://www.cip.com.cn
凡购买本书，如有缺损质量问题，本社销售中心负责调换。

定　　价：29.00元

前　言

随着生产过程自动化技术的迅速发展，工业企业对仪表工的职业素质提出了更高的要求。根据《中华人民共和国工人技术等级标准》的规定，仪表安装工和仪表维修工除了应具备一定专业基础知识、专业技术知识和其他相关知识、专业作业能力、设备和仪表使用维护能力、应变和事故处理能力、计算和管理等能力外，还必须具备识图和制图的能力。编写《仪表工识图》就是为了方便仪表工的岗位培训，提高广大仪表工的职业技能水平。

本书选用的部分图样参照了行业标准中的例图和作者多年来从事职业教育的讲义，整个文稿不是一个完整的工程设计，也不是完整的标准设计图样，只是为了讲述的需要和举例的方便，为了说明问题而安排的示意图。试图由此达到抛砖引玉、举一反三、引导读者尽快掌握识图的技能和要领，培养识图能力的目的。书中的图样仅供参考，如果实际工程设计中的施工图与本书中的体例有出入，请以设计院提供的施工图为准，以免贻误工作。有的图样原幅面较大，本书进行了去繁就简、化整为零等简化处理，请读者阅读时予以注意。

自控工程图纸的识读应从图例符号开始，由易到难，由简单到复杂，循序渐进地进行。注意识读的程序、要点、方法及注意事项，以便尽快掌握识图技能。

全书内容共分三篇。第一篇包括管道仪表流程图中常用图例符号、管道仪表流程图识读方法、识读乙烯精馏塔管道仪表流程图、识读工业锅炉管道仪表流程图；第二篇包括自控工程图例符号、识读控制室平面布置图、识读仪表盘布置图和接线图、识读仪表供电及供气系统图、识读电缆管缆外部连接系统图、识读电缆管缆平面敷设图、识读仪表回路图和接地系统图；第三篇包括仪表安装图常用图例符号、识读温度测量仪表安装图、识读压力测量仪表安装图、识读节流装置安装图、识读流量测量仪表安装图、识读物位测量仪表安装图、识读分析仪表安装图。

为方便读者阅读和使用，本书稿中的大部分图片文件通过扫描二维码获取，供读者查阅，其中部分由 AutoCAD 绘制的图稿文件还可以供读者再次加工利用。

参加本书编写的人员有康明江（第 1 章～第 3 章）、张德泉（第 4 章～第 11 章）和于秀丽（第 12 章～第 18 章），全书由张德泉统稿。在本书编写过程中，编者参考了大量专业书籍和资料，也得到了有关企业、设计单位和学校长期从事自控工程技术工作的专家的指导和帮助，在此一并向有关资料的作者和协助人员表示衷心的感谢。

限于作者水平，书中难免存在错误和不妥，敬请读者批评指正。

编者

2005 年 8 月

目　录

第一篇　识读管道仪表流程图

第二篇 识读自控工程图

第三篇　识读仪表安装图

第一篇　识读管道仪表流程图

任何一个产品的工业生产，都经历了将原材料逐次加工到半成品乃至成品的过程。整个生产过程的表述方法是多样的，用工艺流程图表达部分或整个生产工艺无疑是最为直观和简捷的。

管道仪表流程图（P&ID：Piping and Instrument Diagram）就是过去所说的带控制点的工艺流程图，是借助统一规定的图形符号和文字代号，用图示的方法把建立化工工艺装置所需的全部设备、仪表、管道、阀门及主要管件，按其各自功能以及工艺要求组合起来，以起到描述工艺装置的结构和功能的作用。因此，管道仪表流程图不仅表达了部分或整个生产工艺流程，更重要的是体现了对该工艺过程所实施的控制方案，通过它可以清晰地了解生产过程的自动控制实施方案等相关信息，是自控专业设计的出发点和基本依据。

正确识读管道仪表流程图，需要全面了解图中各种图例符号的意义和表达方法，包括工艺流程、仪表及控制系统图例符号。

1　管道仪表流程图中常用图例符号

1.1　常用仪表及控制系统图例符号

1.1.1　仪表功能标志及位号

1.1.1.1　仪表功能标志

仪表功能标志是用几个大写英文字母的组合表示对某个变量的操作要求，如 TIC、PDRCA 等。其中第一位或两位字母称为首位字母，表示被测变量，其余一位或多位称为后继字母，表示对该变量的操作要求，各英文字母在仪表功能标志中的含义见表 1-1。为了正确区分仪表功能，根据设计标准《过程检测和控制系统用文字代号和图形符号》（HG/T 20505—2000)，理解功能标志时应注意如下几个方面。

① 功能标志只表示仪表的功能，不表示仪表的结构。这一点对于仪表的选用至关重要。例如，要实现 FR（流量记录）功能，可选用流量或差压变送器及记录仪。

② 功能标志的首位字母选择应与被测变量或引发变量相对应，可以不与被处理变量相符。例如，某液位控制系统中的控制阀，其功能标志应为 LV，而不是 FV。

③ 功能标志的首位字母后面可以附加一个修饰字母，使原来的被测变量变成一个新变量。如在首位字母 P、T 后面加 D，变成 PD、TD，分别表示压差、温差。

④ 功能标志的后继字母后面可以附加一个或两个修饰字母，以对其功能进行修饰。如功能标志 PAH 中，后继字母 A 后面加 H，表示压力的报警为高限报警。

1.1.1.2　仪表位号

仪表位号由仪表功能标志和仪表回路编号两部分组成，如 FIC-116、TRC-158 等，其中仪表回路编号的组成有工序号（例中数字编号中的第一个1）和顺序号（例中数字编号中的后两位16，58）两部分。在行业标准HG/T 20505—2000中，仪表位号的确定有如下规定。

① 仪表位号按不同的被测变量分类，同一装置（或工序）同类被测变量的仪表位号中顺序号可以是连续的，也可以不连续；不同被测变量的仪表位号不能连续编号。

② 若同一仪表回路中有两个以上功能相同的仪表，可在仪表位号后附加尾缀（大写英文字母）以示区别。例如FT-201A、FT-201B表示该仪表回路中有两台流量变送器。

③ 当不同工序的多个检测元件共用一台显示仪表时，显示仪表的位号不表示工序号，只编顺序号；对应的检测元件位号表示方法是在仪表编号后加数字后缀并用“-”隔开。例如一台多点温度记录仪TR-1，其对应的检测元件位号为TE-1-1、TE-1-2等。

对仪表位号而言，在施工图中还会大量地用到，特别是多功能仪表的位号编制，与带控制点的工艺流程图有紧密的对应关系。

1.1.2 仪表功能字母代号

在自控类技术图纸中，仪表的各类功能是用其英文含义的首位字母来表达的，且同一字母在仪表位号中的表示方法具有不同的含义。各英文字母的具体含义见表1-1。

表1-1 仪表功能字母代号

字母代号	首位字母		后继字母		
	被测变量或引发变量	修饰词	读出功能	输出功能	修饰词
A	分析（Analytical）		报警（Alarm）		
B	烧嘴、火焰（Burner，Flame）		供选用（User's Choice）	供选用（User's Choice）	供选用（User's Choice）
C	电导率（Conductivity）			控制（Control）	
D	密度（Density）	差（Differential）			
E	电压（电动势）（Voltage）		检测元件（Primary Element）		
F	流量（Flow）	比率（Ratio）			
G	毒性气体或可燃气体		视镜、观察（Glass）		
H	手动（Hand）				高（High）
I	电流（Current）		指示（Indicating）		
J	功率（Power）	扫描（Scan）			
K	时间、时间程序（Time，Time Sequence）	变化速率		操作器	
L	物位（Level）		灯（Light）		低（Low）
M	水分、湿度（Moisture，Humidity）	瞬动			中、中间（Middle）
N	供选用（User's Choice）		供选用（User's Choice）	供选用（User's Choice）	供选用（User's Choice）

续表

字母代号	首位字母		后继字母		
	被测变量或引发变量	修饰词	读出功能	输出功能	修饰词
O	供选用 (User's Choice)		节流孔 (Orifice)		
P	压力、真空 (Pressure,Vacuum)		连接或测试点 (Test Point)		
Q	数量 (Quantity)	积算、累计 (Integrate,Totalize)			
R	核辐射 (Radioactivity)		记录、DCS趋势记录 (Recorder)		
S	速度、频率 (Speed,Frequency)	安全 (Safety)		开关、联锁 (Switch,Interlock)	
T	温度 (Temperature)			传送(变送) (Transmit)	
U	多变量 (Multivariable)		多功能 (Multifunction)	多功能 (Multifunction)	多功能 (Multifunction)
V	振动、机械监视			阀、风门、百叶窗 (Valve,Damper)	
W	重量、力 (Weight,Force)		套管 (Well)		
X	未分类 (Undefined)	X轴	未分类 (Undefined)	未分类 (Undefined)	未分类 (Undefined)
Y	事件、状态	Y轴		继动器(继电器)、计算器、转换器 (Relay,Computing)	
Z	位置、尺寸 (Position)	Z轴		驱动器、执行元件 (Drive,Actuate)	

对于表中所涉及的问题简要说明如下。

①“首位字母”在一般情况下为单个表示被测变量或引发变量的字母，又称为变量字母，在首位字母附加修饰字母后，其意义改变。

②“后继字母”可根据需要分为一个字母（读出功能）或两个字母（读出功能＋输出功能），有时也用三个字母（读出功能＋输出功能＋读出功能）。

③“分析（A）”指分析类功能，并未表示具体分析项目。需指明具体分析项目时，则在表示仪表位号的图形符号（圆圈或正方形）旁标明。

④“供选用”指该字母在本表相应栏目中未规定具体含义，可根据使用者的需要确定并在图例中加以说明。

⑤“高（H）”、“中（M）”、“低（L）”应与被测量值相对应，而并非与仪表输出的信号值相对应。H、M、L分别标注在表示仪表位号的图形符号（圆圈或正方形）的右上、中、下处。

⑥“安全（S）”仅用于紧急保护的检测仪表或检测元件及最终控制元件。

⑦字母“U”表示“多变量”时，可代替两个以上首位字母组合的含义，表示“多功能”时，可代替两个以上后继字母组合的含义。

⑧“未分类（X）”表示作为首位字母和后继字母均未规定具体含义，在应用时，要求在

表示仪表位号的图形符号（圆圈或正方形）外注明其具体含义。

⑨“继动器（继电器）Y”表示是自动的，但在回路中不是检测装置，其动作由开关或位式控制器带动的设备或器件。表示继动、计算、转换功能时，应在仪表图形符号（圆圈或正方形）外（一般在右上方）注明其具体功能，但功能明显时可不予标注，常用附加功能符号见表 1-2。

表 1-2　附加功能符号应用示例

继动器、计算器、转换器名称	常规仪表		DCS	
运算器	FY 102 +	PY 213 −	TY 105 ×	PY 213 ÷
选择器	TY 105 >	TY 205 <	PY 213 <	PY 413 >
转换器	PY 4 I/P	LY 207 P/I	FY 302 A/D	LY 251 D/A
函数发生器			FY 103 $f(x)$	TY 251 $f(t)$

1.1.3　常规仪表及计算机控制系统图形符号

自控工程图纸中的各类仪表功能除用字母和字母组合表达外，其仪表类型、安装位置、信号种类等具体意义可用相关图形符号标出，熟知这些图形符号的含义有益于识读自控类图纸。

1.1.3.1　监控仪表的图形符号

监控类仪表种类繁多，功能各异，既有传统的常规仪表，又有近年来被广泛使用的 DCS 类、可编程序逻辑控制器及控制计算机等类仪表；既有现场安装仪表，又有架装仪表、盘面安装及控制台安装仪表或显示器等。自控图纸中的各类仪表均是以相应的图形符号表示的，表示仪表类型及安装位置的图形符号见表 1-3。

表 1-3　仪表类型及安装位置的图形符号

仪表类型	现场安装	控制室安装	现场盘装
单台常规仪表			
DCS			
计算机功能			
可编程逻辑控制			

除表中所罗列的各类仪表外，还有如下几点补充说明。

① 盘后安装仪表、不与 DCS 进行通信连接的 PLC、不与 DCS 进行通信连接的计算机功能组件图符分别如图 1-1 所示。

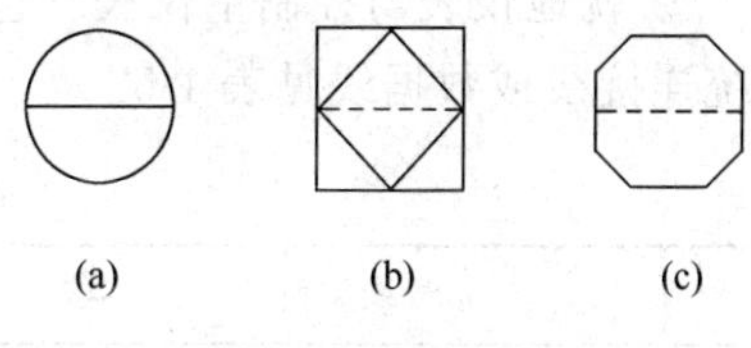

图 1-1 三种图符

② 表示执行联锁功能的图形符号如下。

a. 继电器执行联锁的图形符号

b. PLC 执行联锁的图形符号

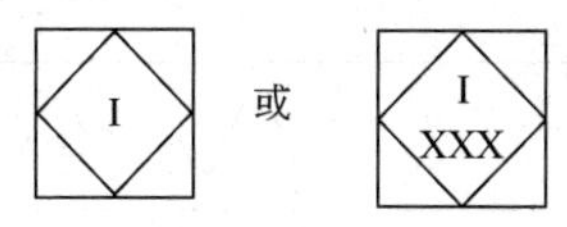

c. DCS 执行联锁的图形符号

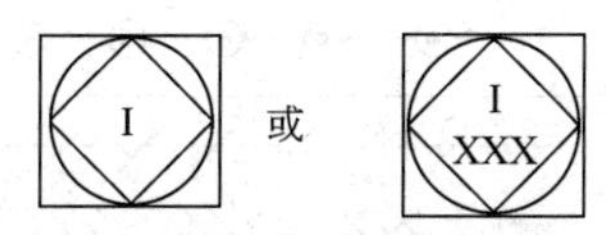

1.1.3.2 测量点的图形符号

测量点（包括检出元件）是由过程设备或管道引至检测元件或就地仪表的起点，一般与检出元件或仪表画在一起表示，如图 1-2 所示。

若测量点位于设备中，当需要标出具体位置时，可用细实线或虚线表示，如图 1-3 所示。

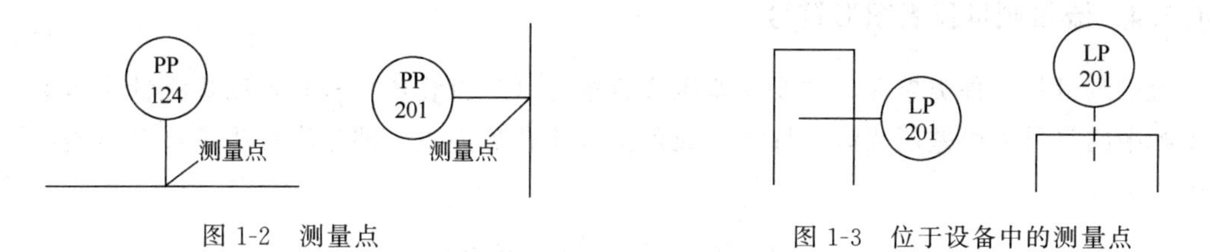

图 1-2 测量点

图 1-3 位于设备中的测量点

1.1.3.3 仪表的各种连接线

① 用细实线表示仪表连接线的场合。用细实线表示仪表连接线的场合包括工艺参数测量点与检测装置或仪表的连接线和仪表与仪表能源的连接线。表示仪表能源字母组合标志见表 1-4。

表 1-4 仪表能源字母组合标志

字母组合	全　称	含　义	字母组合	全　称	含　义
AS	Air Supply	空气源	IA	Instrument Air	仪表空气
ES	Electric Supply	电源	NS	Nitrogen Supply	氮气源
GS	Gas Supply	气体源	SS	Steam Supply	蒸汽源
HS	Hydraulic Supply	液压源	WS	Water Supply	水源

② 就地仪表与控制室仪表（包括 DCS）的连接线、控制仪表之间的连接线、DCS 内部系统连接线或数据线见表 1-5。

表 1-5 仪表连接线图形符号

序号	信号线类型	图形符号	备注
1	气动信号线		斜短划线与细实线成 45°角
2	电动信号线		斜短划线与细实线成 45°角
3	导压毛细管		斜短划线与细实线成 45°角
4	液压信号线		
5	电磁、辐射、热、光、声波等信号线(有导向)		
6	电磁、辐射、热、光、声波等信号线(无导向)		
7	内部系统线(软件或数据链)		
8	机械链		
9	二进制电信号	或	斜短划线与细实线成 45°角
10	二进制气信号		斜短划线与细实线成 45°角

另外，在复杂系统中有必要表明信息的流向时，应在信号线上加箭头，信号线的交叉为断线，信号线相接不打点。

1.1.3.4 流量测量仪表图形符号

流量测量仪表种类繁多，主要有差压式流量计（节流装置）和非差压式流量计两类。技术图纸中的符号多以差压式流量计法兰或角接取压孔板为主，部分流量测量仪表的图形符号见表 1-6。

表 1-6 部分流量测量仪表的图形符号

序号	名称	图形符号	备注
1	孔板		
2	文丘里管		
3	流量喷嘴		
4	无孔板取压测试接头		
5	转子流量计		圆圈内应标注仪表位号
6	其他嵌在管道中的仪表		圆圈内应标注仪表位号

1.1.3.5 常用执行器图形符号

执行器是由执行机构和控制阀体两部分组成的，执行机构、控制阀体的图形符号见表1-7和表1-8。以带弹簧的气动薄膜控制阀为例表示的能源中断时阀位的图形符号见表1-9。

表1-7 执行机构图形符号

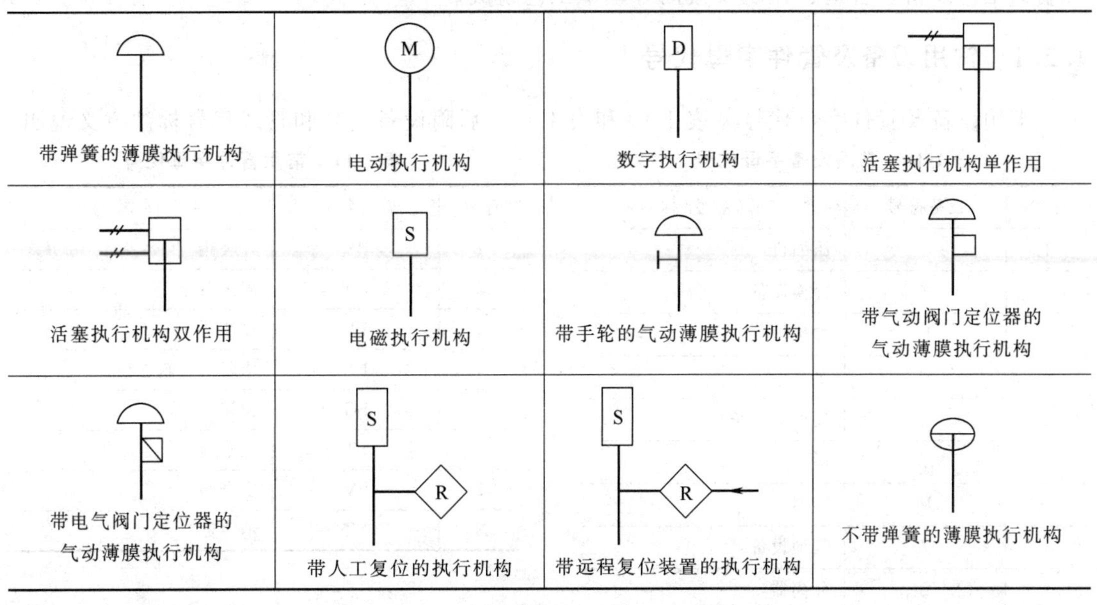

表1-8 控制阀体图形符号

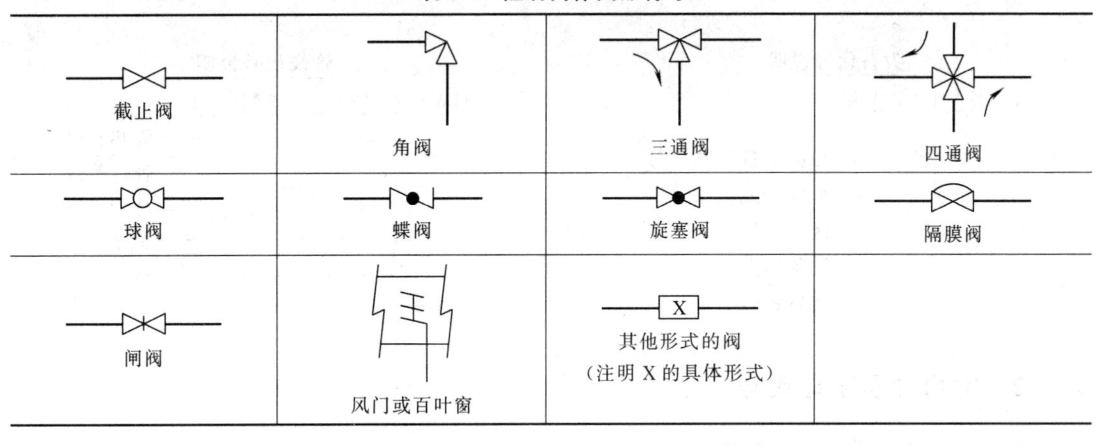

表1-9 能源中断时阀位的图形符号（以带弹簧的气动薄膜控制阀为例）

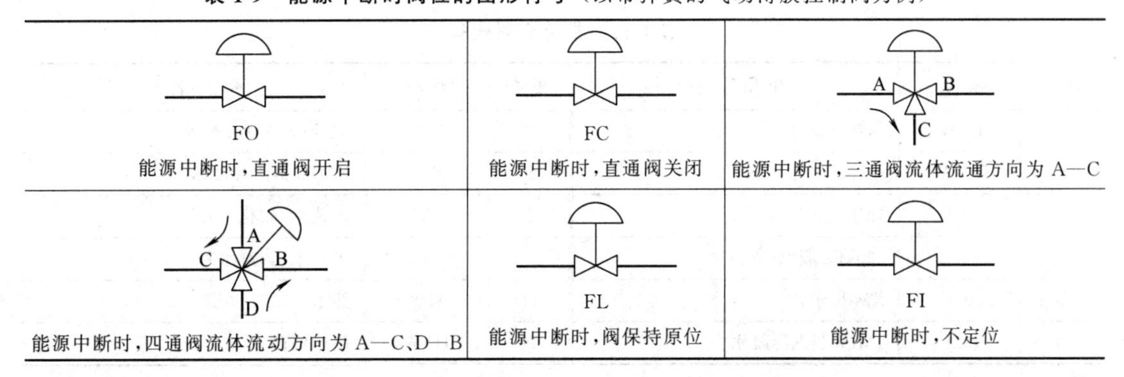

1.2 常用工艺流程图图例符号

工艺流程图是描述工艺生产过程的技术图纸，它用规定的图形符号表明了整个生产过程所用的工艺设备、管道、介质及流向等基本工艺组成。

1.2.1 常用设备及管件字母代号

常用设备及管件字母代号见表 1-10 和表 1-11，后附设备代号和管线代号标注意义说明。

表 1-10 常用设备字母代号

序号	设备符号	设备名称
1	C	压缩机
2	E	冷换设备
3	F	加热炉
4	P	泵
5	R	反应器（釜）
6	T	塔
7	V	容器
8	Z	其他设备
9	S	分离器
10	M	计量罐

表 1-11 常用管件字母代号

序号	管件符号	管件名称
1	BV	呼吸阀
2	FA	阻火器
3	FL	过滤器
4	FX	膨胀节或软连接
5	SG	视镜
6	ST	疏水器
7	SV	安全阀
8	SZ	消声器

设备代号说明

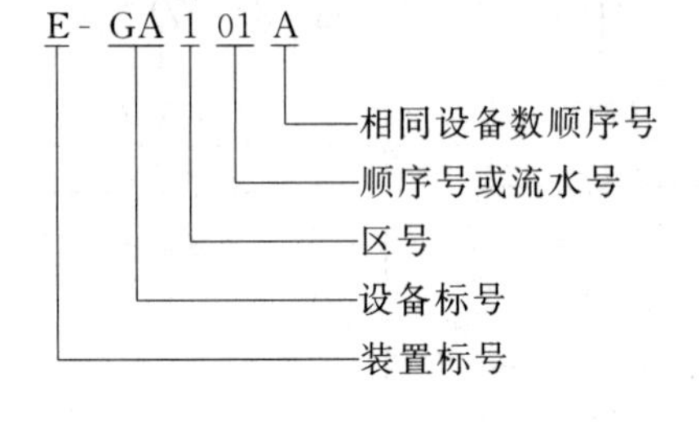

管线代号说明

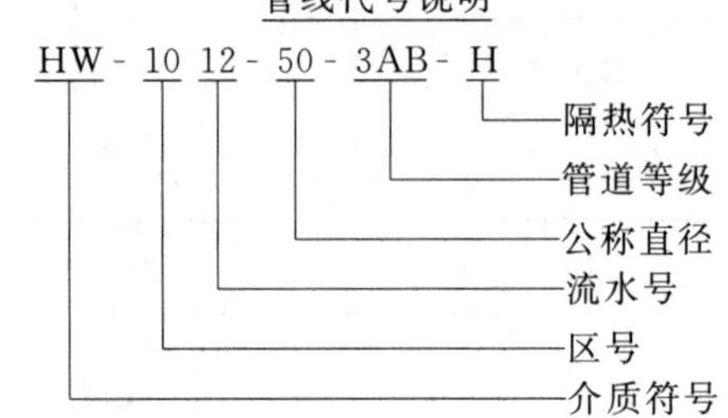

1.2.2 常用介质字母代号

常用介质字母或字母组合代号见表 1-12。

表 1-12 常用介质代号

序号	代号	介质名称	序号	代号	介质名称
1	CCW	循环冷却水	7	3SC	300kPa 蒸汽冷凝水
2	RCCW	循环冷却水回水	8	XSC	XMPa 蒸汽冷凝水
3	10S	1MPa 蒸汽（主汽）	9	PW	工艺水（软化水）
4	3S	300kPa 蒸汽（乏汽）	10	IW	工业水（新鲜水）
5	XS	XMPa 蒸汽	11	HW	热水
6	10SC	1MPa 蒸汽冷凝水	12	HFW	高压消防水

续表

序号	代号	介质名称	序号	代号	介质名称
13	WW	废水	44	WL	废液
14	DW	生活水	45	LNA	低偏铝酸钠溶液
15	IA	仪表风(净化风)	46	HNA	高偏铝酸钠溶液
16	PA	工业风(非净化风)	47	NS	硅酸铵溶液
17	VG	放空气	48	CL	催化剂浆液
18	P	工艺流体	49	JL	凝胶浆液
19	LO	润滑油	50	MJL	成胶浆液
20	FO	燃料油	51	AC	助催化剂
21	FG	燃料气	52	AP	烷基酚
22	LPG	液化石油气	53	PH	苯酚
23	DG	干气	54	IS	异丁烯
24	PR	丙烯	55	PI	聚异丁烯
25	HX	乙烷	56	PS	五硫化二磷
26	S	溶剂	57	SU	硫磺粉
27	ER	冷冻剂	58	T	甲苯
28	SO	密封油	59	MA	马来酸酐
29	AW	氨水	60	PP	丙烯聚合物
30	LA	液氨	61	CS	二硫化碳
31	GA	气氨	62	ME	硫醇
32	GO	氧气	63	ET	乙醇
33	GN	氮气	64	AKO	α-煤油烯烃
34	GH	氢气	65	ADO	α-柴油烯烃
35	KL	碱液	66	AA	烷基水杨酸
36	FL	酸液	67	CA	乙酸铬
37	WG	水玻璃	68	M	甲醇
38	C	导向剂	69	OA	油酸
39	MSL	分子筛浆液	70	ZO	氧化锌
40	MSS	分子筛(固)	71	EA	乙酸
41	CS	催化剂(固)	72	CBA	顺酐
42	AS	硅酸铝溶液	73	XY	二甲苯
43	REL	氯化稀土液	74	TBA	三异丁基铝

1.2.3 管道、管件及阀门图例符号

1.2.3.1 管道、管件图例符号

在工艺流程图中，管道及管件用以表明主、次要管道、伴热性质、介质流向等相关工艺信息，其图例见表 1-13。

表 1-13 管道、管件图例符号

序号	名称		图例	说明
1	主要管道			线宽为 3b,b 为一个绘图单位
2	次要管道			线宽为 b
3	软管			
4	催化剂输送管道			线宽为 6b
5	带伴热管道			
6	管内介质流向			
7	进出装置或单元的介质流向		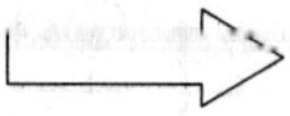	
8	装置内图纸连接方向		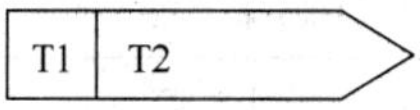 T1 T2	T1 为图纸号,T2 为管道编号或属性
9	成套供货设备范围界限		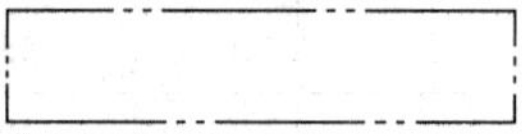	
10	管道等级分界符		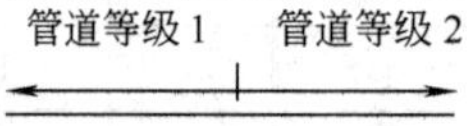 管道等级 1 管道等级 2	竖杠分界线也可用 Y 表示
11	异径管	同心	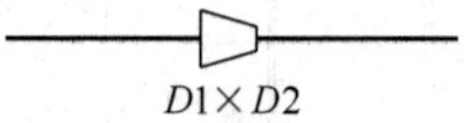 D1×D2	D1 为大端管径,D2 为小端管径,单位为 mm
		偏心	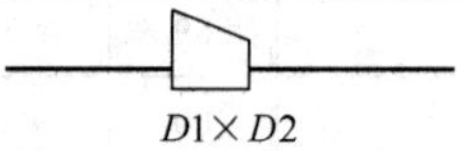 D1×D2	
12	波纹膨胀节		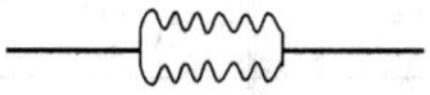	
13	相界面标示符		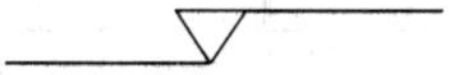	
14	管帽			

1.2.3.2 阀门图例符号

部分阀门执行机构的图例符号已汇总在表 1-7 中。部分工艺阀门图例符号见表 1-14。

表 1-14 部分工艺阀门图例符号

序号	名称	图例	序号	名称		图例
1	截止阀	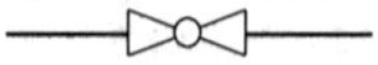	5	安全阀(有标注示例)		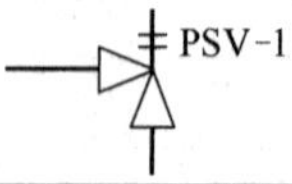 PSV-1
2	闸阀		6	重锤式安全阀	双杆	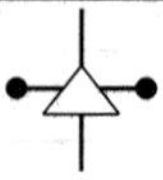
3	带泄放口闸阀	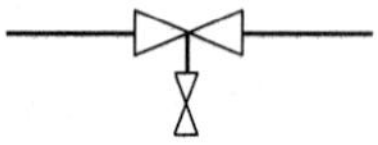	7	重锤式安全阀	单杆	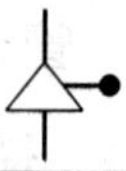
4	角式截止阀	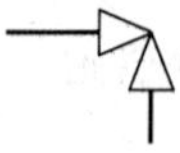	8	疏水阀		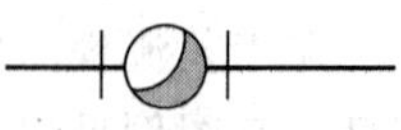

续表

序号	名　称	图　例	序号	名　称	图　例
9	自力式温度调节阀		14	四通旋塞阀	
10	减压阀		15	滑阀	
11	针形阀		16	塞阀	
12	旋塞阀		17	自力式压力调节阀	
13	三通旋塞阀		18	自力式差压调节阀	

1.2.4　机器及设备图形符号

机器及设备种类繁杂，分类不一，在此对塔、炉、冷换设备、容器和罐、反应器、泵和压缩机及小型设备等进行分类介绍。

1.2.4.1　塔

塔常用于产品分离，常见的类型有板式塔、填料塔等，各自图例如图 1-4 和图 1-5 所示。

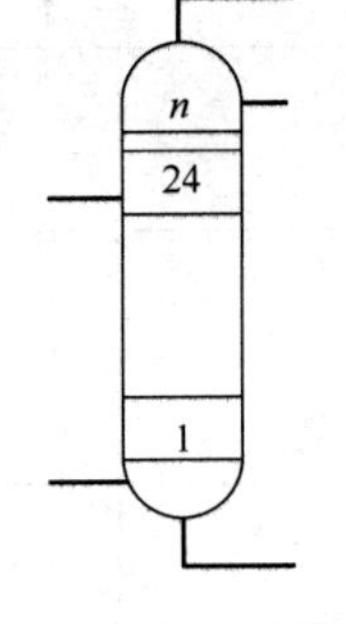

图 1-4　板式塔

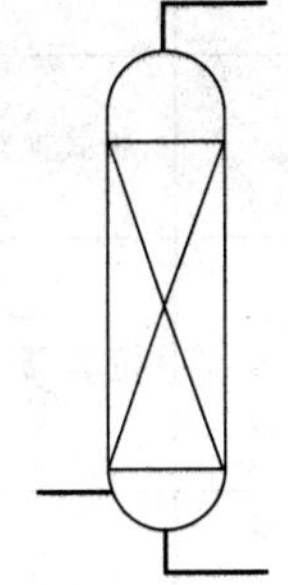

图 1-5　填料塔

1.2.4.2　炉

炉类包括加热炉、空气预热器等设备，具体图例见表 1-15。

表 1-15　炉类图例

序号	名　称	图　例	序号	名　称	图　例
1	加热炉		3	空气预热器	
2	立式加热炉		4	组合式立式炉(箱式炉)	

1.2.4.3 换热设备

换热设备的图例见表 1-16。

表 1-16 换热设备图例

序号	名称	图例	说明
1	管壳式换热器	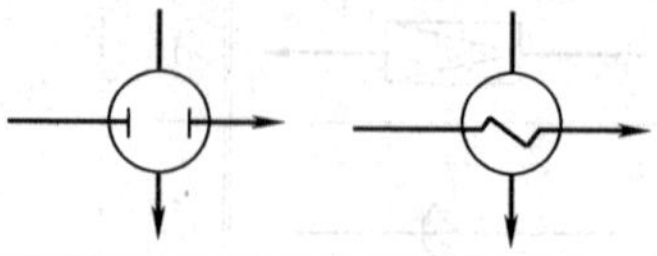	伸入圆内的为管程
2	管壳式冷却器或冷凝器	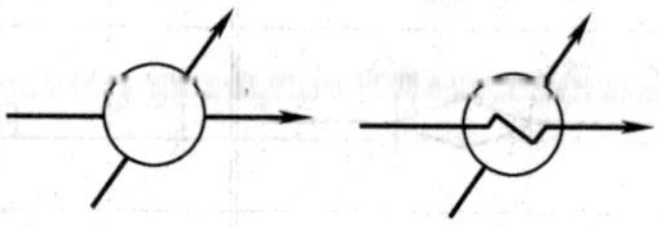	穿过圆内的为管程
3	管壳式换热器或冷却器	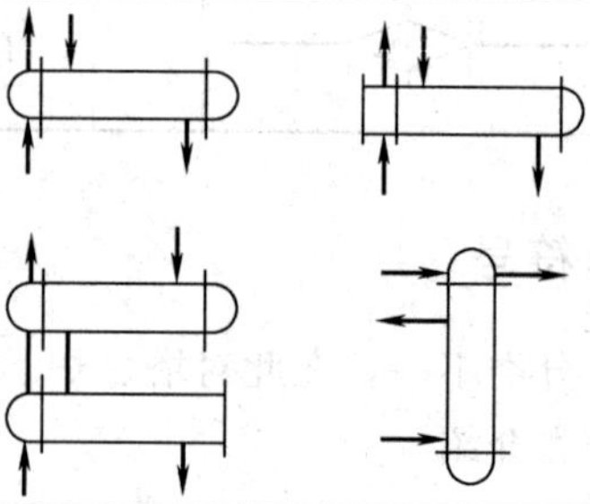	
4	板式换热器	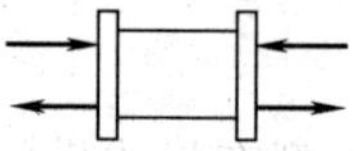	
5	重沸器或加热器	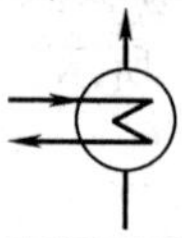	
6	釜式重沸器	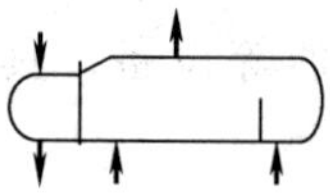	
7	卧式重沸器与冷凝器	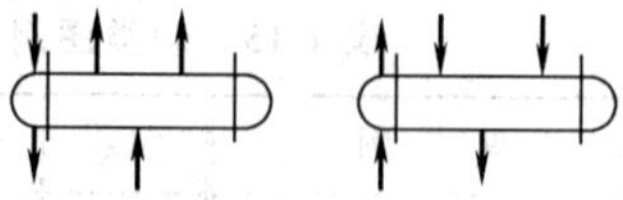	
8	浸没式冷却器	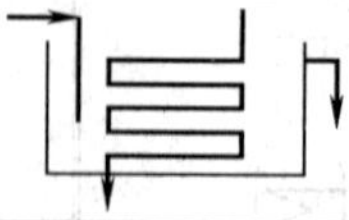	
9	干式空气冷却器	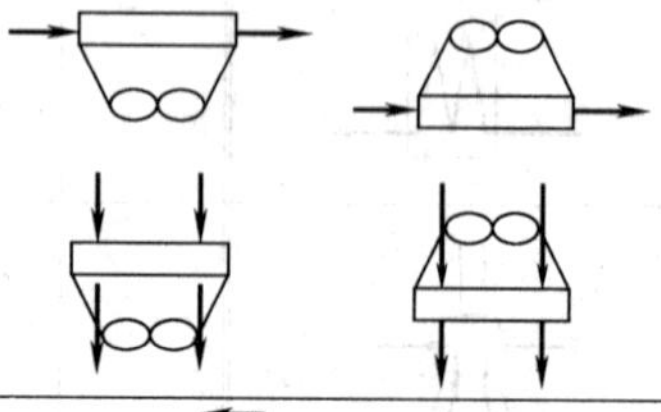	
10	蒸汽发生器	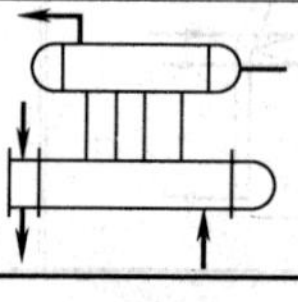	

1.2.4.4 容器和罐

容器和罐的图例见表 1-17。

表 1-17 容器和罐的图例

序号	名称	图例	序号	名称	图例
1	立式容器		4	固定顶罐	
2	卧式容器		5	催化剂料仓	
3	球形储罐		6	立式液化石油气汽化器	

1.2.4.5 反应器

反应器有轴向、径向及釜式之分，图例如图 1-6 所示。

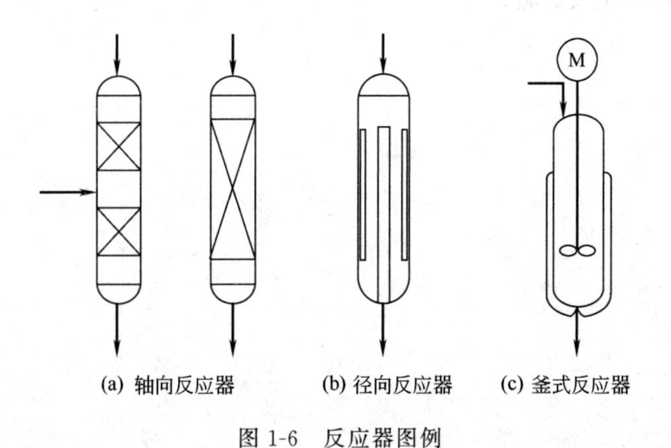

图 1-6 反应器图例

1.2.4.6 泵和压缩机

泵和压缩机的主要工艺目的是进行流体加压和输送，就结构而言，有离心式、往复式之分，从使用能源来分，有电动式和气动式两类，各种不同形式的设备图例见表 1-18。

表 1-18　泵和压缩机图例

序号	名　称	图　例	序号	名　称	图　例
1	电动离心泵或电动旋涡泵	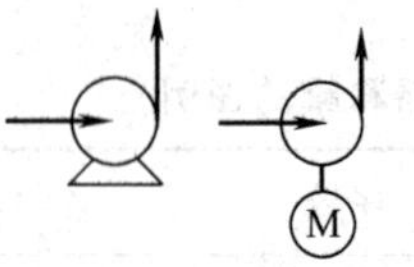	6	气动往复压缩机	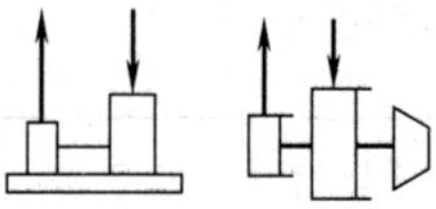
2	气动离心泵	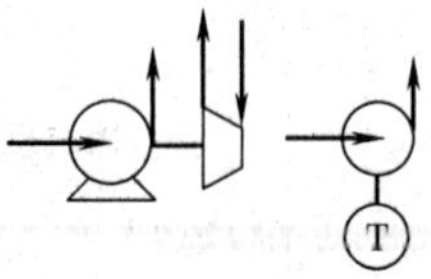	7	电动往复压缩机	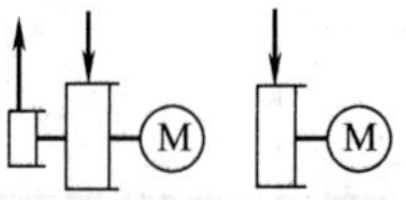
3	电动往复泵	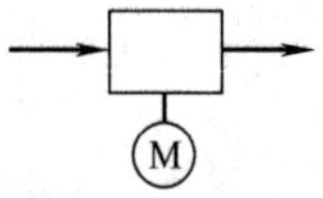	8	电动离心压缩机	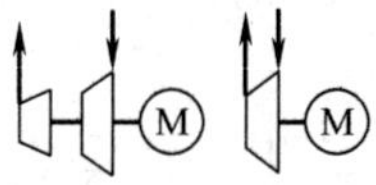
4	气动往复泵	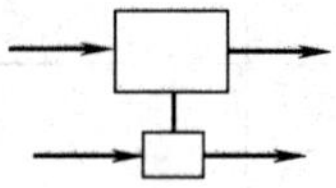	9	气动离心压缩机	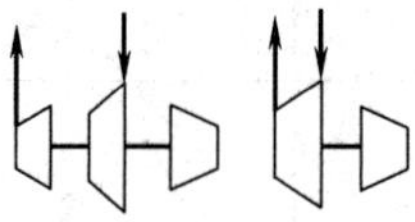
5	浸没泵	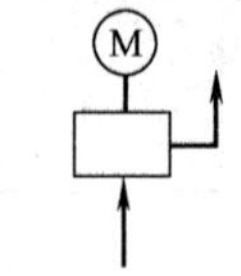	10	鼓风机	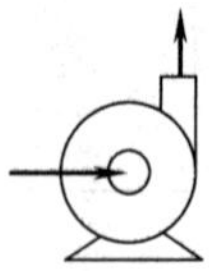

另外，还有部分小型设备，诸如过滤器、冷却器、带运输机、过滤机等，在此不再一一赘述，若有需要可参考相关资料。

2 管道仪表流程图识读方法

2.1 工艺流程图

方案流程图又称流程示意图或流程简图，是用来表达整个工厂或车间生产流程的图样。它是一种示意性的展开图，即按工艺流程顺序，把设备和流程线自左至右都展开在同一平面上。其图面主要包括工艺设备和工艺流程线。

2.1.1 设备的画法

方案流程图中用细实线画出设备的大致轮廓或示意结构，一般不按比例，但应保持各设备的相对大小。各设备之间的高低位置及设备上重要接管口的位置应大致符合实际情况。

2.1.2 工艺流程线的画法

方案流程图中一般只画出主要工艺流程线，其他辅助流程线则不必一一画出。用粗实线画出主要物料的流程线，在流程线上用箭头标明物料流向，并在流程线的起讫处注明物料的名称、来源或去向。如遇有流程线自检、流程线与设备之间发生交错或重叠而实际上并不相连时，其中的一线断开或曲折绕过设备图形。

2.2 管道仪表流程图

管道仪表流程图（P&ID）又称施工流程图或工艺安装流程图，它是在方案流程图的基础上绘制而成的。其中包含了所有设备（包括备用设备）和全部管路（包括辅助管路、各种控制点以及阀门、管件等）。它是在工艺物料流程图的基础上，用过程检测和控制系统设计符号，描述生产过程自动化内容的图纸。它是自动化水平和自动化方案的全面体现，是自动化工程设计的依据，亦可供施工安装和生产操作时参考，其主要内容如下。

（1）设备示意图　带位号、名称和接管口的各种设备示意图。

（2）管路流程线　带编号、规格、阀门、管件等及仪表控制点（压力、流量、液位、温度测量点及分析点）的各种管路流程线。

（3）标注　设备位号、名称、管段编号、控制点符号、必要的尺寸及数据等。

（4）图例　图形符号、字母代号及其他的标注、说明、索引等。

（5）标题栏　注写图名、图号、设计项目、设计阶段、设计时间和会签栏等。

管道仪表流程图画法规定如下。

2.2.1 图样画法

管道仪表流程图采用展开图形式，按工艺流程顺序，自左至右依次画出一系列设备的图例符号，并配以物料流程线和必要的标注和说明。图中设备及机器大致按 1∶100 或 1∶200

的比例绘制，过大、过小时可单独适当缩小或放大，但需保持设备间的相对大小。

工艺物料流程图在保证图形清晰的前提下，可不按比例绘制。原则上一个主项（工段或装置）绘一张图样，若流程复杂，可分数张绘制，但应使用同一图号。

整幅图可不按比例绘制，标题栏中“比例”一栏不予标注。

2.2.2 设备和机器表示方法

（1）设备和机器画法　用细实线画出设备、机器的简略外形和内部特征。一般不画管口，需要时可用单线画出。常用设备、机器图形符号参见本书“1.2　常用工艺流程图图例符号”。

（2）相对位置　图中设备之间的相对位置，在保证图面清晰的原则下，主要考虑便于连接管线和注写符号、代号。应避免管线过长和设备过于密集。

（3）标注　图上的标注按本书“1.2　常用工艺流程图图例符号”进行。

在管道仪表流程图上，要在两处标注设备位号：一处是在图的上方或下方，位号排列要整齐，并尽可能与设备对正；另一处是在设备内或近旁，此处只标注位号，不标注名称。

2.2.3 管道表示方法

在管道仪表流程图中，应画出全部物料管道，对辅助管道、公用系统管道，可只绘出与设备（或工艺管道）相连的一小段，并标注物料代号及所在流程图号。流程图中的管道应水平或垂直画出，尽量避免斜线。

（1）管道画法　各种常用管道规定画法可参见本书“1.2　常用工艺流程图图例符号”中图例。在绘制管道图时，应尽量避免管道穿过设备或交叉管道在图上相交。当表示交叉管道相交时，一般应将横向管道断开。管道转弯处，一般应画成直角而不画成圆弧。

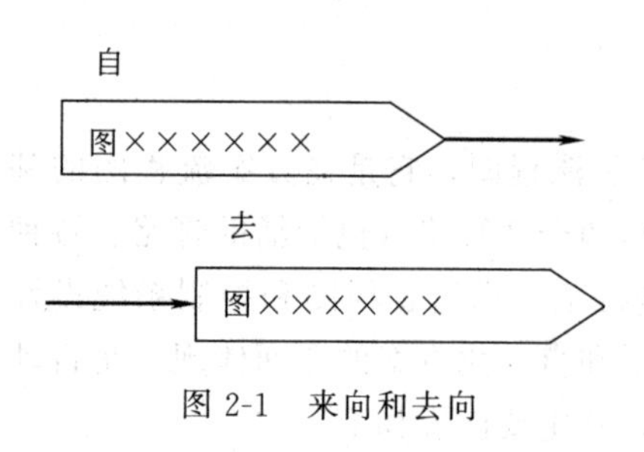

图 2-1　来向和去向

管道上应画出箭头，以表示物料流向。各流程图之间相衔接的管道，应在始（或末）端注明其接续图的图号及来自（或去）的设备位号或管段号，如图 2-1 所示。矩形框应画在靠近左侧或右侧图框处。一般来向画在左侧，去向画在右侧。

（2）管道标注　每段管道都应标注。横向管道，在管道上方标注；竖向管道，在管道左侧标注。管道标注内容包括管道号、管径和管道等级三部分，标注方法按本书“1.2　常用工艺流程图图例符号”进行。

管径为管道的公称通径。公制管以 mm 为单位，不注明单位符号；英制管以 in 表示，并在数字后面要注出单位符号。

管道等级是根据介质的温度、压力及腐蚀等情况，由工艺设计确定的。有隔热、隔音措施的管道，在管道等级之后要加注代号。

2.2.4 阀门和管件表示方法

在管道上的阀门及其他管件，用细实线按国家标准所规定的符号在相应位置画出，并注明规格代号，如图 2-2 所示。阀门和管件的符号可参考本书“1.2　常用工艺流程图图例符号”中的图例。无特殊要求时，管道上的一般连接件，如法兰、三通、弯头等均不画出。

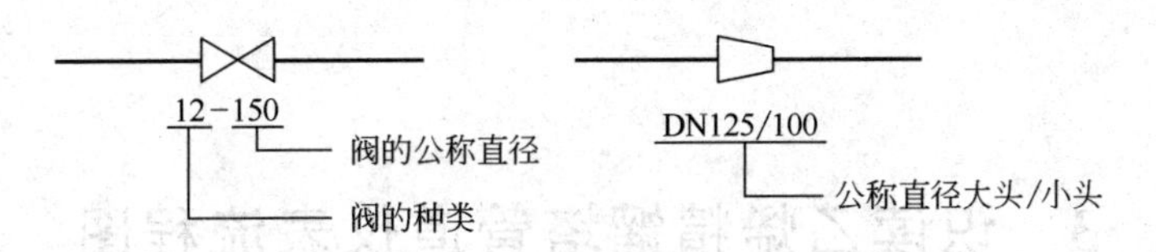

图 2-2　阀门及异径接头在管路上的画法

2.2.5　自动控制方案表示方法

在工艺物料流程图上，按照过程检测和控制系统设计符号及使用方法，把已确定的自动控制方案按流程顺序标注出来。

绘图时，设备进出口的测量点尽可能标注在设备进出口附近。有时为了照顾图面质量，可适当移动某些测量点的标注位置。管网系统的测量点最好都标注在最上一根管线的上面。控制系统的标注可自由处理。

仪表控制点以细实线在相应的管路上用代号、符号画出，并应大致符合安装位置。其代号、符号的含义参见本书“1.1　常用仪表及控制系统图例符号”。

2.3　管道仪表流程图读图步骤

识读管道仪表流程图时，可参考下列步骤进行。

(1) 了解流程概况　了解流程包括如下两方面的含义。

① 从左到右依次识读各类设备，分清动设备和静设备，理解各设备的功能，如精馏塔用于组分分离、锅炉用于产生蒸汽、加热炉用于原油裂解等。当然，要正确地理解各类设备的功能及典型工艺，应掌握这一方面的基础。

② 在熟悉工艺设备的基础上，根据管道中所标注的介质名称和流向分析流程。

(2) 熟悉控制方案　一般典型工艺的控制方案是特定的，举例如下。

例 2-1　精馏工艺控制方案

对于精馏工艺，其控制方案中包括提馏段温度控制系统或精馏段温度控制系统、塔压控制系统、塔顶冷凝器液位控制系统、回流罐液位控制系统、塔釜液位控制系统、回流量控制系统及进料流量控制系统等。

例 2-2　加热炉工艺控制方案

加热炉主要用于原油裂解，它是利用燃料燃烧所产生的高热量对加热管内的介质加热的一种典型工艺，其控制方案中包括加热炉出口温度与燃料流量的控制系统、原油流量控制系统、加热炉炉膛负压控制系统、燃料油与雾化蒸汽及空气的比值控制系统等。

例 2-3　锅炉工艺控制方案

锅炉工艺用于生产蒸汽，它主要包括燃烧工艺、蒸汽发生和汽水分离工艺。控制方案中包括锅炉汽包水位控制系统、蒸汽压力控制系统、过热蒸汽温度控制系统、燃烧过程控制系统和炉膛压力控制系统等。

其他如反应器、压缩机、泵类设备等均有其典型的控制方案，在此不再赘述。

(3) 控制方案分析　管道仪表流程图中表达了工艺过程的控制方案，这些控制方案有的是用模拟仪表实现的，也有用计算机控制系统来实现的，在识读时可参考相关图符含义进行区分和辨别。

识读管道仪表流程图，还需要综合工艺、设备、机器、管道、电气等多种专业知识。

3　识读乙烯精馏塔管道仪表流程图

乙烯是基本有机化学工业最重要的产品，它的发展带动着其他基本有机产品的发展，因此乙烯产量往往标志着一个国家基本有机化学工业发展的水平，以乙烯为原料可以生产许多重要的基本有机化学工业产品，诸如高压聚乙烯、高密度聚乙烯、低密度聚乙烯等。近20年来，世界范围内的乙烯产量增长了近十倍，足以证明各国对乙烯生产的重视程度。

乙烯生产的主要方法是将天然气、原油等基本高分子原料进行裂解使其碳链断裂后逐级分离。其中基本的分离方法就是精馏，即在精馏塔中利用各组分相对挥发度的不同进行物料分离。本章将以乙烯精馏塔为例，对其基本工艺和典型控制方案进行分析。

3.1　工艺流程及基本技术指标

乙烯精馏塔是深冷分离流程中的一个基本生产单元，其前期部分工艺流程如图3-1所示。裂解气经过离心式压缩机压缩，压力达到1.0MPa后送入碱洗塔，脱去H_2S、CO_2等酸性气体，再次压缩后压力达到1.0MPa，送入干燥器脱水后，进入冷箱冷凝，在冷箱中分出富氢和四股馏分，这四股流分进入脱甲烷塔的不同塔板进行分离，脱去甲烷馏分，塔釜液为C_2以上馏分进入脱乙烷塔，由其塔顶分离出C_2馏分，塔釜液为C_3以上馏分去后续工艺再加工。

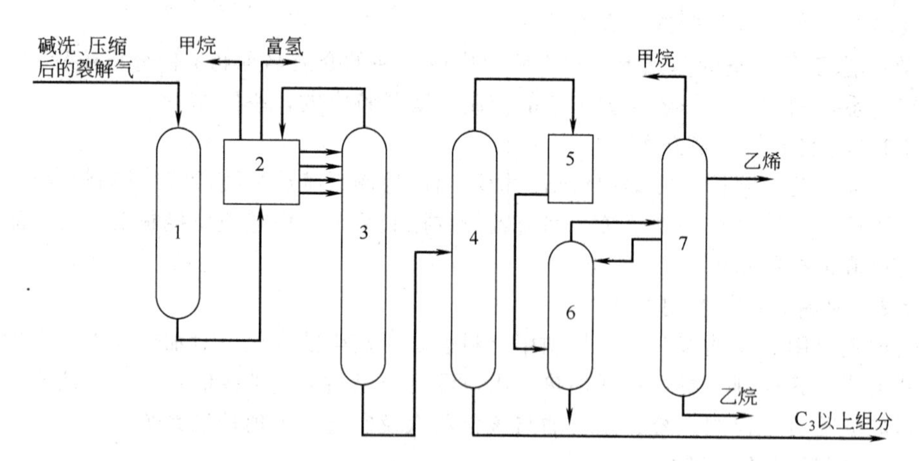

图3-1　乙烯精馏塔前期部分工艺流程

1—干燥器；2—冷箱；3—脱甲烷塔；4—脱乙烷塔；5—加氢脱炔反应器；6—绿油塔；7—乙烯塔

由脱乙烷塔塔顶来的C_2馏分含有乙烷、乙烯、乙炔等组分，它们经过换热升温，进入加氢脱炔反应器进行加氢脱乙炔，并经绿油塔用来自乙烯塔的侧线馏分洗去绿油后，成为只包含乙烯和乙烷两种组分的混合流体（因脱甲烷过程中不可能做到完全分离，其中含有少量甲烷）。这些混合流体被送入乙烯塔分离，在乙烯塔的顶部第八块塔板侧线可得到99.9%的乙烯产品，塔釜液为乙烷馏分，送回裂解炉作为裂解原料，塔顶分离出少量的甲烷馏分。

乙烯精馏塔进料中乙烯和乙烷占有99.5%以上，其余组分为甲烷。就相对挥发度而言，甲烷最低，乙烯次之，乙烷最高。对于三种组分的分离，乙烯精馏塔采用了深冷分离流程，用带有中间再沸器和侧线出产品的乙烯塔。其工艺流程如图 3-2 所示，基本工艺分析如下。

① 由绿油塔来的 C_2 组分从第 98 块塔板以气液两相混合进料，由于精馏塔提供了分离空间，实现了气液两相分离，气相（乙烯及少量甲烷）上升，液相乙烷下降。

② 液相在向下流动过程中，在每块塔板上与自提馏段的上升蒸气接触，致使其中的轻组分（乙烯及少量甲烷）汽化上升，重组分继续以液相下降。越向下，重组分的纯度越高。

③ 被汽化上升的轻组分中含有部分气相甲烷，在经过精馏段的每块塔板时与向下流动的乙烯回流液接触，致使这一部分甲烷变为液相下降。越向上，轻组分的纯度越高。

④ 上升至塔顶的轻组分中为气相的乙烯及少量甲烷，它们经塔顶冷凝器将乙烯冷凝为液相，在分离器中实现气液分离，甲烷以气相采出，乙烯作为回流液从第一块塔板处流入精馏塔，流至第八块塔板时侧线采出，进入乙烯分离器分离后，以液相产品乙烯采出，分离器上部的气相再次进入精馏塔冷凝分离。

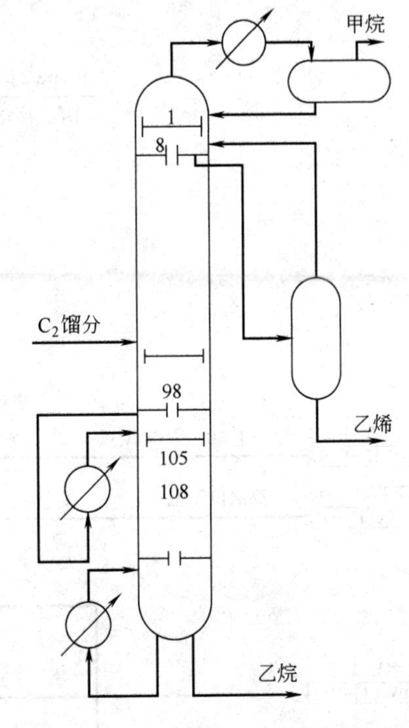

图 3-2 乙烯塔深冷分离流程

⑤ 塔釜得到产品甲烷，一部分作为液相产品采出，另一部分由塔釜再沸器加热汽化后作为上升蒸气，用以提供精馏所需能量。

⑥ 为了提高乙烯产品的纯度，在乙烯精馏塔的精馏段工艺上采用了较大的回流比，这一做法对于精馏段是有好处的，但对于提馏段并非必要，故乙烯塔中大多采用中间再沸器回收冷量，以提高上升蒸气量，从而达到提高负荷的目的。

一般地，进料中乙烯及乙烷占有 99.5%以上，乙烯精馏塔理论上仍为二元体系。该乙烯乙烷二元系统的自由度为 2，因此，在实际工艺中压力和温度是相互联系的。控制其中一个变量，即可实现对质量指标的控制，这是设计和实施控制方案的基本依据之一。本例所指的精馏塔的操作条件见表 3-1。

表 3-1 乙烯精馏塔操作条件

塔径/mm	实际塔板数			塔压/MPa	温度/℃		回流比
	精馏段	提馏段	合计		塔顶	塔釜	
3400	90	29	119	1.9	−32	−8	4.5

3.2 典型控制方案分析

乙烯精馏塔管道及仪表流程图如图 3-3 所示。由图可见，其主要控制方案包括中间再沸器液位与侧线加热流体流量的选择性控制系统、乙烯回流罐液位与乙烯回流流量串级控制系

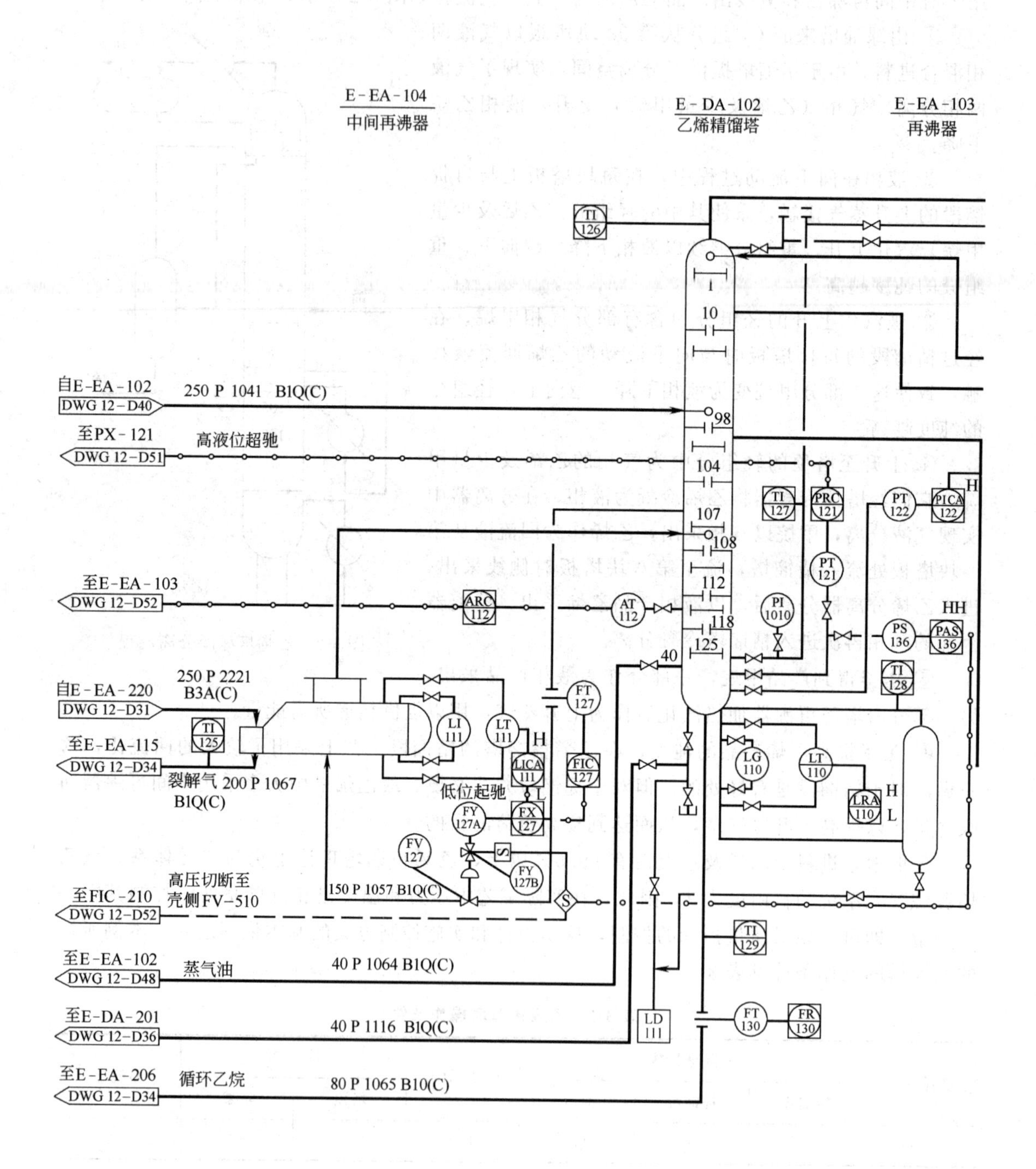

E-EA-104
中间再沸器
E-DA-102
乙烯精馏塔
E-EA-103
再沸器
自E-EA-102
DWG 12-D40
250 P 1041 BIQ(C)
至PX-121
DWG 12-D51
高液位超驰
至E-EA-103
DWG 12-D52
自E-EA-220
DWG 12-D31
250 P 2221
B3A(C)
至E-EA-115
DWG 12-D34
裂解气 200 P 1067
BIQ(C)
低位起驰
至FIC-210
DWG 12-D52
高压切断至
壳侧FV-510
150 P 1057 BIQ(C)
至E-EA-102
DWG 12-D48
蒸气油
40 P 1064 BIQ(C)
至E-DA-201
DWG 12-D36
40 P 1116 BIQ(C)
至E-EA-206
DWG 12-D34
循环乙烷
80 P 1065 B10(C)

图 3-3　乙烯精馏塔管

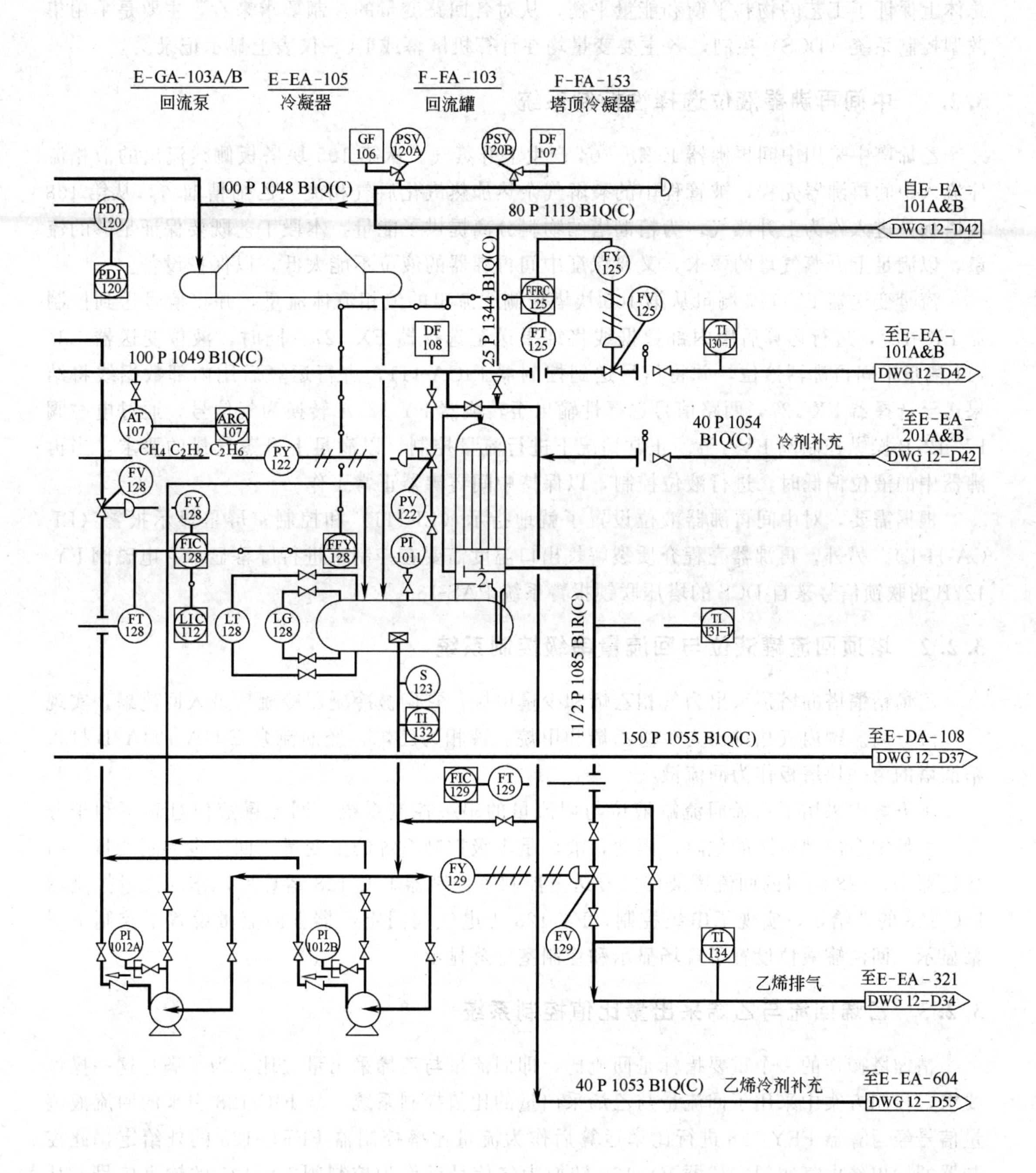
E-GA-103A/B
回流泵
E-EA-105
冷凝器
F-FA-103
回流罐
F-FA-153
塔顶冷凝器
GF 106
PSV 120A
PSV 120B
DF 107
100 P 1048 B1Q(C)
80 P 1119 B1Q(C)
自E-EA-101A&B
DWG 12-D42
PDT 120
PDI 120
FY 125
FFRC 125
FV 125
FT 125
TI 130-1
25 P 1344 B1Q(C)
DF 108
100 P 1049 B1Q(C)
至E-EA-101A&B
DWG 12-D42
AT 107
ARC 107
CH_4 C_2H_2 C_2H_6
PY 122
40 P 1054 B1Q(C)
冷剂补充
至E-EA-201A&B
DWG 12-D42
FV 128
FY 128
FIC 128
FFY 128
PV 122
PI 1011
1
2
FT 128
LIC 112
LT 128
LG 128
TI 131-1
S 123
TI 132
11/2 P 1085 B1R(C)
150 P 1055 B1Q(C)
至E-DA-108
DWG 12-D37
FIC 129
FT 129
FY 129
FV 129
TI 134
乙烯排气
至E-EA-321
DWG 12-D34
PI 1012A
PI 1012B
40 P 1053 B1Q(C)
乙烯冷剂补充
至E-EA-604
DWG 12-D55

道及仪表流程图

统、乙烯回流与乙烯产品采出量的比值控制系统、塔顶冷凝器乙烯排气流量控制系统、塔压控制系统以及相关变量的显示、记录、联锁和报警等。各控制回路既相互独立又彼此联系，总体上保证了工艺的物料平衡和能量平衡，从对各回路变量的控制要求来看，主要是采用集散型控制系统（DCS）控制，各主要变量均在计算机屏幕或DCS仪表上显示记录。

3.2.1 中间再沸器液位选择性控制系统

乙烯塔中采用中间再沸器E-EA-104产生上升蒸气。从第105块塔板侧线流出的液相流体流入中间再沸器壳程，被管程中的裂解气余热加热汽化后气相流入乙烯精馏塔，从第108块塔板处进入作为上升蒸气，为精馏塔的物料分离提供了能量。本段工艺既要保证足够的流量，以满足上升蒸气量的要求，又要保证中间再沸器的液位不能太低，以保护设备。

流量变送器FT-127测量从第105块塔板侧线流出的液相流体流量，并将信号送到控制器FIC-127，进行运算后用内部数据线将结果送至选择器FX-127。同时，液位变送器LT-111测量中间再沸器液位，并将信号送到控制器LICA-111，进行运算后用内部数据线将结果送至选择器FX-127，两路信号选择性输出至转换器FY-127A转换为气信号，通过电磁阀FY-127B操纵控制阀FV-127。正常情况下进行流量控制，以满足上升蒸气量的要求。当再沸器中的液位偏低时，进行液位控制，以保持中间再沸器正常工作。

根据需要，对中间再沸器液位设置了就地指示（LI-111）和控制室屏幕显示报警（LICA-H-L)。另外，再沸器壳程介质裂解气出口温度需要在控制室进行屏幕显示。电磁阀FY-127B的联锁信号来自DCS的塔压联锁报警系统PAS-136。

3.2.2 塔顶回流罐液位与回流量串级控制系统

乙烯精馏塔的塔顶采出为气相乙烯和少量甲烷，它们被冷凝器冷凝后进入回流罐，实现了气液分离。罐内气相排出为少量乙烯和甲烷。液相为乙烯，经回流泵E-GA-103A/B打入精馏塔的第一块塔板作为回流液。

本方案中采用了乙烯回流罐液位与回流量的串级控制系统。回流罐液位过高不利于分离，太低则会出现空罐的危险。因此，液位是串级控制系统的主变量，回流量为副变量。由变送器LT-128测得的回流罐液位信号送至控制室控制器LIC-128运算后，作为流量控制器FIC-128的外给定，实现了串级控制，FY-128为电气阀门定位器。回流量设置了控制室屏幕显示，回流罐液位设置了现场显示和控制室屏幕显示。

3.2.3 乙烯回流与乙烯采出量比值控制系统

精馏塔操作的一个重要指标是回流比，即回流量与乙烯采出量之比。为了满足这一操作要求，控制方案中采用了回流量与乙烯采出量的比值控制系统。从FIC-128引来的回流液流量信号经运算器FFY-128进行比率运算后作为流量比率控制器FFRC-125的外给定，此控制器的输出经电气阀门定位器FY-125转换为气信号后作为控制阀FV-125的输入信号，从而实现了回流量与采出量的比值控制。回流比设置了控制室屏幕显示和实时记录。

3.2.4 塔顶冷凝器乙烯排气流量控制系统

乙烯回流罐中的气相为甲烷和部分乙烯，这些介质被连续排出，作为脱甲烷塔的辅助进料。为了保证回流罐内的压力稳定，对这些介质的排出采取了定值控制措施，该控制系统由流量变送器 FT-129、控制器 FIC-129、电气阀门定位器 FY-129 及控制阀 FV-129 构成，乙烯排气量设置了控制室屏幕显示。

3.2.5 塔压控制系统

前已述及，精馏塔是一个二元体系，在温度和压力中只要有一个稳定即可。本方案中采用了以塔压为被控变量，回流罐的排气量为操纵变量的压力控制系统。另外，塔压经变送器 PT-121、控制器 PRC-121 后作为高液位超驰控制系统信号，也是控制塔压的辅助手段。塔压设置了控制室屏幕显示和记录。

在图 3-3 中，还设置了相关的控制室显示记录。包括中间再沸器用裂解气出口温度显示 TI-125、塔顶采出温度显示 TI-126、塔釜温度显示 TI-127、塔顶与塔釜压力差显示 PDI-120、塔釜采出循环乙烷温度显示 TI-129、循环乙烷流量显示 FR-130、乙烯产品采出温度显示 TI-130-1、回流液温度显示 TI-132、乙烯排气温度显示 TI-134、乙烯采出成分测量 AT-107 和记录 ARC-107 等。

相关的现场显示要求有塔釜压力显示 PI-1010、乙烯回流泵出口压力显示 PI-1012A/B 等。

总之，管道及仪表流程图是自控设计中设备选型和相关设计的基础，正确地识读管道及仪表流程图有助于对工艺机理的理解和控制方案的认识，是从事仪表专业人员的基本技能之一。

4　识读工业锅炉管道仪表流程图

4.1　工艺简介及环境特点

4.1.1　锅炉主要性能

锅炉类型：中型、中压，油、气混合燃烧。

额定产汽量：65t/h。

额定蒸汽压力：3.8MPa。

额定蒸汽温度：450℃。

每小时消耗渣油量：5t。

4.1.2　水、汽系统工艺流程

锅炉设备的工艺流程如图4-1所示。

从水处理工段来的脱盐、脱氧水，温度在104℃左右，由给水泵P1001A/B加压至6.0MPa，分成两路，一路经省煤器E1005预热至243℃进入汽包V1001；另一路进入减温减压器E1002。汽包水位控制在以水平中心线为基准的±50mm范围内。汽包中的饱和水温度为240℃，压力为3.8MPa，饱和蒸汽温度为255℃，压力为3.8MPa。饱和蒸汽首先送入二段过热器E1004加热至354℃，再进入减温减压器，蒸汽温度为343℃，然后送入一段过热器E1003进行加热，出口温度为450℃，压力为3.9MPa，最后将过热蒸汽送入蒸汽管网。

4.1.3　燃烧系统工艺流程

从油罐区送来的渣油经渣油泵P1002A/B加压至2.4～2.7MPa，流量在7t/h左右，分两路输送。一路经渣油预热器E1007加热，油温在150～170℃送至炉前，流量约为5t/h。渣油与雾化蒸汽一起由四个油枪喷入炉膛，进行燃烧。另一路渣油从油枪前经控制阀返回渣油罐，称为回油，流量约为2t/h。

从大气中来的空气由送风机C1001A/B将压力增加至6.3kPa左右。经空气预热器E1006预热，空气温度上升至250℃左右，经风量测量装置送至炉前，经控制阀与渣油量成比例地进入炉膛，对雾化的渣油起助燃作用。炉膛温度为1070～1200℃，压力为－20～－40Pa。渣油燃烧后生成的热量以热辐射、对流和热传导的方式传递给蒸汽发生系统。燃烧过程中产生的高温烟气，经两级蒸汽过热器、省煤器和空气预热器降温，低温烟气由引风机送至除尘系统，最后经烟囱排入大气。

4.1.4　环境特点

工业锅炉是重要的动力设备，其产生的中温、中压蒸汽为多种机械和设备提供动力和能源。用户要求锅炉提供质量合格的蒸汽，而且锅炉产气量要与负荷相适应。

锅炉设备是一个复杂的控制对象。工艺内部各变量相互关联，操作要求高。水、水蒸气、渣油、空气、炼厂气和弛放气等以液态或气态在密闭的管道和设备内，进行着传热过程和氧化反应，同时伴随着高温、高压、易燃、易爆、有毒、有灰尘、有较大噪声等过程，对自控系统及仪表提出一些苛刻要求。整个工艺过程中存在着较大的容量滞后、纯滞后和严重的非线性。

4.2 主要生产过程分析和工艺对自动控制的要求

4.2.1 主要生产过程分析

锅炉设备的主要输入变量有蒸汽负荷、锅炉给水、渣油流量、减温水流量、送风量和引风量等。主要的输出变量有蒸汽压力、汽包水位、过热蒸汽温度、炉膛负压和过剩空气及烟气含氧量等，如图 4-2 所示。

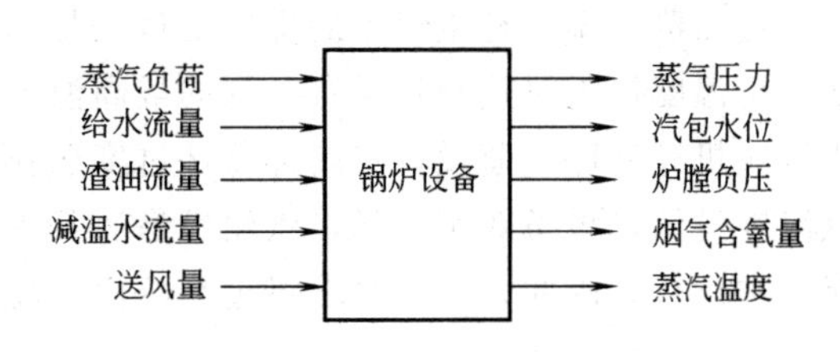

图 4-2 锅炉设备主要变量关系

这些输入变量与输出变量之间相互关联。如果蒸汽负荷发生变化，必然会引起蒸汽压力、汽包水位和过热蒸汽温度的变化；给水流量变化不但直接会影响汽包水位，而且对蒸汽压力和过热蒸汽温度亦有影响；减温水流量变化时，会导致过热蒸汽压力、温度和汽包水位的变化；渣油量的变化不仅会影响蒸汽压力，而且会影响汽包水位；送风量的变化，不仅会影响渣油完全燃烧程度，而且会影响炉壁上升管的传热效果。引风量的变化不仅会影响炉膛压力，而且还会影响烟气含氧量和经济燃烧。因此，锅炉设备是一个多输入、多输出且各变量之间又相互关联着的复杂控制对象。

4.2.2 工艺对自动控制的要求

对于像工业锅炉这样一个复杂的动力装置，工艺生产对自动控制提出了多方面的要求。工业锅炉管道仪表流程图如图 4-1 所示。

4.2.2.1 控制汽包水位

锅炉汽包水位是确保安全生产和提供优质蒸汽的重要变量。中型锅炉与大型锅炉相比，当蒸发量显著增加时，汽包容积相对减小，水位变化速度很快，稍不注意就会造成汽包满水或烧成干锅。无论在何种情况下绝对不允许锅炉缺水。因为缺水是很危险的。水位过低，就会影响自然循环的正常进行。严重时会使个别上升管形成自由水面，产生流动停滞，致使金属管壁局部过热而爆管。因此，生产工艺要求严格控制汽包水位，将其保持在汽包中心线上下约 50mm 的范围内，使水的蒸发始终处于最大面积状态。

4.2.2.2 控制蒸汽压力

锅炉设备运行中首要考虑的是安全性和可靠性。锅炉汽包本体是一个压力容器，压力波动有一定的界限。如果锅炉中的饱和水蒸气瞬间骤然膨胀，会引起炉体爆炸，这不仅会造成重大设备破坏和全厂性停产，给生产带来严重的经济损失，而且有可能造成人身安全事故。

为了避免这一恶性事故的发生，除了锅炉本体需要设置安全阀以外，锅炉在运行过程中要求将蒸汽压力控制在3.8MPa±0.2MPa范围内是绝对必要的。

锅炉在运行过程中，蒸汽压力是衡量蒸汽供求关系是否平衡的重要指标，是锅炉产汽质量的重要参数。蒸汽压力过高或过低，对于导管和设备都是不利的。压力过高，会影响机、炉和设备的安全；压力太低，就不可能为各用热设备提供足够的动力。同时，蒸汽压力的突然波动会造成锅炉汽包水位的急剧波动，出现“虚拟水位”，影响正确操作。锅炉在运行中蒸汽压力的降低，表明蒸汽消耗量大于锅炉产汽量；反之，蒸汽压力升高，表明蒸汽消耗量小于锅炉产汽量。因此，严格控制蒸汽压力，是确保安全生产的需要，也是维持正常负荷平衡的需要。

4.2.2.3 控制蒸汽温度

过热蒸汽温度是生产中的重要变量，是锅炉水、汽通道中的最高温度。通常，过热管正常运行温度接近过热管材料所允许的最高温度。蒸汽温度过高会烧坏过热管，同时，还会造成汽轮机等后序负荷设备因内部器件过度热膨胀而受损，严重影响设备的运行安全。过热蒸汽温度过低，设备效率下降，汽轮机最后几级蒸汽湿度增加，造成汽轮机叶片磨损，以致不能正常运行。因此，工艺要求将过热蒸汽温度控制在450℃±3℃范围内。

4.2.2.4 控制燃烧系统

为了保证锅炉经济燃烧和安全运行，就应使渣油量与空气量保持适当的比例。因此，保持燃料经济燃烧是燃烧过程的重要条件，是提高锅炉效率和经济指标的关键措施。

对于燃烧系统的操作，应将过剩空气降低到近于理想水平而又不出现冒黑烟，实现最佳的空气渣油量比值。经验表明，当空气渣油量比值在90000/5.4时，炉膛火焰为麦黄色，达到最佳进油配风状况。如果偏离了最佳的空气渣油量比值，势必要增加热量损失或增加燃料消耗，降低技术经济指标，并造成周围环境的污染。

4.2.2.5 控制炉膛负压

锅炉在正常运行中，炉膛压力必须保持在规定的范围内。如果负压过小，局部区域容易喷火，不利于安全生产；负压过大，漏风严重，总风量增加，烟道出口温度上升，热量损失增大，也不利于经济燃烧。通常要求把炉膛压力控制在－20～－40Pa范围内。

4.3 主要控制系统分析

从工艺生产对自动控制提出的要求可知，锅炉控制系统具有一些特点。首先，当蒸汽负荷大幅度波动时，必须确保蒸汽压力稳定。这不仅是评价锅炉设备安全经济运行的重要条件，也是衡量锅炉控制系统的重要质量指标。因此，工业锅炉控制的实质是维持蒸汽负荷平衡。第二，根据蒸汽负荷变化，及时控制进入锅炉的给水量，保证汽包水位的恒定，保证水的蒸发始终保持在最大面积状态，保持锅炉内生产的蒸汽量和给水量的物料平衡。第三，及时控制空气渣油量比值及炉膛压力，使燃料充分燃烧，始终保持最佳燃烧状态，以保证燃烧的完全和经济性。第四，控制过热蒸汽的温度，以保证过热蒸汽的安全性。由此可以提出锅炉设备的主要控制系统，见表4-1。

表 4-1　锅炉设备的主要控制系统

控　制　系　统	被控变量	操纵变量
锅炉给水控制系统	锅炉汽包水位	给水流量
锅炉燃烧控制系统	蒸汽压力	燃料流量
	烟气含氧量	送风流量
	炉膛负压	引风流量
过热蒸汽控制系统	过热蒸汽温度	喷水流量

4.3.1　汽包水位控制系统

锅炉汽包水位的控制系统中，被控变量是汽包水位，操纵变量是给水流量。主要的扰动变量来自以下四个方面。

① 给水方面的扰动。例如，给水压力、减温水控制阀开度变化等。

② 蒸汽用量的扰动。包括用户蒸汽流量的变化、管路阻力变化和负荷设备控制阀开度变化等。

③ 燃料量的扰动。包括燃料热值、燃料压力、含水量等。

④ 汽包压力变化。通过汽包内部汽水系统，当压力升高时的“自冷凝”和压力降低时的“自汽化”影响水位。

考虑到蒸汽负荷的扰动可测而不可控，蒸汽量的波动将使过程具有虚假水位的反向特性，当负荷变化较大时，会造成控制器输出误动作，影响控制系统的控制品质。此外，由于蒸汽负荷变化后，要等到引起水位变化后才去改变给水量，因此控制不及时。为此，将蒸汽流量作为前馈信号，与汽包水位组成前馈-反馈控制系统。考虑到给水流量的扰动影响（例如给水压力变动等）及由于被控对象的非线性（例如卧式锅炉水位的非线性）等因素，将给水流量信号引入到控制系统中，这样，将汽包水位作为主被控变量，给水流量作为副被控变量，蒸汽流量作为前馈信号，组成三冲量水位控制系统。实际上，这是一个前馈-串级复合控制系统。这种三冲量控制系统由于引入了蒸汽流量作为前馈信号，给水流量作为反馈信号，改善了系统的动态特性，增强了抗干扰能力和工作的稳定性，提高了自适应能力，进而提高了控制质量。

在三冲量控制系统中，采用了加法器（LY-101）连接在水位控制器（LRC-101）之后的方案，水位偏差可由控制器的比例积分作用来校正，水位在过渡过程结束时能做到无差调节，降低了对蒸汽流量前馈控制器补偿特性的要求。在图 4-1 中，给水流量变送器和蒸汽流量变送器都采用差压变送器加开方器（FY-101 和 FY-106）模式，因此，利用蒸汽流量前馈信号实现了静态前馈控制。这种方案从结构上看虽然具有多回路的形式。但在动态特性上，由于给水量能适应蒸汽负荷量的变化，使其具有单回路控制系统的特点。因此，系统的投运和控制器的参数整定可按简单控制系统方法进行。

4.3.2　锅炉燃烧过程控制系统

4.3.2.1　燃烧过程控制的基本任务

锅炉燃烧过程控制的基本任务，是使渣油燃烧时产生的热量适应蒸汽负荷的需要，同时保证锅炉的安全和经济运行。所以，保持过热蒸汽压力稳定，是燃烧过程控制的主题。当蒸汽负荷受干扰而变化时，必须通过及时调节渣油量使其稳定。其次，应该保持燃料的经济燃烧，不能因空气量不足而使烟囱冒黑烟，造成环境污染；也不要因空气量过大而增加热量损失。因此，为了保证燃料完全燃烧，燃料量与空气量应保持一定的比例关系，或者烟道中的含氧量应保持一定的数值。第三，为了防止燃烧过程中火焰或烟尘外喷，应保持炉膛为负压。另外，还需要加强安全措施，例如油枪背压太高时，可能使燃料流速过高而脱火；油枪背压太低又有可能回火。这些情况都应该设法加以防止。

4.3.2.2 燃烧过程控制系统

(1) 基本控制系统　基本控制系统包括进油量控制系统、送风量控制系统和过热蒸汽压力控制系统等。

进油量控制系统中的被控变量为进油流量，操纵变量为回油流量。回路位号为 FRC-103。采用回油量控制的优点一方面是可以减少进入油枪前渣油的压力损失；另一方面是回油流量小，控制阀的口径小，相应地泄漏量小，控制方便、可靠。

送风量控制系统中的被控变量为鼓风机出口空气流量，操纵变量为送风管空气流量。回路位号为 FRC-104。

过热蒸汽压力控制系统中的被控变量为过热蒸汽压力，操纵变量为进油流量和空气流量。回路位号为 PRC-122。

(2) 综合控制系统　综合控制系统主要是蒸汽压力控制系统。

以蒸汽压力为主被控变量、进油量为副被控变量的串级控制系统，以及蒸汽压力为主被控变量、空气量为副被控变量的串级控制系统。燃料量与空气量的比值关系是通过进油量控制器（FRC-103）和空气量控制器（FRC-104）的正确动作间接保证的，该方案能够保证蒸汽压力恒定。

在燃油锅炉燃烧系统中，希望燃料量与空气量成一定比例，而燃料量取决于蒸汽量的需要，常用蒸汽压力来反映。当蒸汽量要求增加时，即当蒸汽压力降低时，燃料量亦要增加，为了保证燃烧完全，应先加大空气量后加大燃料量。反之，当蒸汽量要求减量时，应先减小燃料量后减小空气量。为此，采用蒸汽压力与燃料量和蒸汽压力与空气流量的选择性控制，以实现逻辑提量和逻辑减量控制。

在正常工况下，这套系统是蒸汽压力对燃料流量的串级控制系统及燃料流量与空气流量间的比值控制系统工作。蒸汽压力控制器（PRC-122）为反作用控制器。当蒸汽压力下降时(即蒸汽消耗量增加)，压力控制器输出信号增加，提高燃料流量控制器的给定值。但是，如果空气量不足，将使燃烧不完全，为此设有低值选择器（FY-103 L. S)，它在两个信号中选择一个较小的作为其输出信号，这样保证燃料量只在空气量充足的情况下才能加大。蒸汽压力控制器的输出信号将通过高值选择器（FY-104B H. S）来加大空气流量，保证在增加燃料流量之前先加大空气量，使燃料完全燃烧。当蒸汽压力上升时，压力控制器输出信号减小，降低燃料流量控制器的给定值，在减小燃料量的同时，通过比值控制系统，自动减少空气流量，这样满足了燃烧过程的要求，使燃料完全燃烧并适应蒸汽负荷的需要。可见，该方案既能保证蒸汽压力恒定，又可实现燃料的完全燃烧。

(3) 辅助控制系统　辅助控制系统主要是油枪的压力差控制系统。

燃烧过程辅助控制系统中的被控变量为油枪入口与出口之间的压力差，操纵变量为雾化蒸汽流量。回路位号为 PDIC-117。当油枪入口与出口之间的压力差增大时，表明油枪内因结焦而阻力增大，此时应适当加大雾化蒸汽量，使渣油充分稀释。当油枪入口与出口之间的压力差减小时，表明油枪内阻力减小，此时应适当减小雾化蒸汽量，保持渣油的雾化状态。

4.3.2.3 炉膛负压控制系统

炉膛负压控制系统中的被控变量为炉膛后左侧压力，操纵变量为引风机出口烟道烟气流量。回路位号为 PRC-121。

4.3.2.4 烟气含氧量控制系统

烟气含氧量控制系统中的被控变量为烟气中的含氧量，操纵变量为送风量，与锅炉燃烧控制系统一起实现锅炉的经济燃烧。回路位号为 ARC-101，系统中 FY-104A 为乘法器。

燃烧过程控制保证了燃料和空气的比值关系，但并不保证燃料的完全燃烧，燃料的完全燃烧与燃料的质量（含水量、杂质等）、热值等因素有关。不同的锅炉负荷下，燃料量和空气量的最佳比值也会不同，因此，需要有一个检查燃料完全燃烧的控制指标，并根据该指标控制送风量的大小。衡量燃料是否完全燃烧的常用控制指标是烟气中的含氧量。

4.3.3 过热蒸汽温度控制

蒸汽过热系统包括一段过热器、减温减压器和二段过热器。蒸汽过热过程控制的任务是保持过热器出口蒸汽温度在允许范围之内，并保持过热器管壁温度不超过额定值 450℃±3℃。这也是蒸汽质量控制的要求。

影响过热器出口温度的主要因素有蒸汽流量、燃烧工况、引入过热器的蒸汽热焓（减温水量）、流经过热器的烟气温度和流速等。过热器出口温度的各个动态特性都有时滞和惯性。

中型中压油气混烧型锅炉采用喷水混合式减温器调温操作。过热蒸汽温度控制系统中的被控变量是过热器出口温度，操纵变量是减温水流量，但由于控制通道的时滞和时间常数都较大，因此，引入减温器出口温度作为副被控变量，组成串级控制系统。回路位号为 TRC-109/TRC-110。

4.4 主要检测系统分析

4.4.1 锅炉水、汽过程检测系统

锅炉水、汽系统中，给水泵出口压力和温度、省煤器出口给水流量和温度、减温水流量、锅炉汽包的水位和压力、过热蒸汽的压力及温度和流量等是生产操作中的重要变量，需要进行集中监视。其检测与显示系统见表 4-2。

表 4-2 锅炉水、汽过程检测系统

过程	检测与显示系统	位　　号	过程	检测与显示系统	位　　号
锅炉给水	给水泵出口压力显示	PI-102	锅炉汽包	汽包水位报警	LA-101
	给水泵出口温度显示	TI-101		汽包压力显示	PI-118
	省煤器出口给水流量显示	FR-101	过热蒸汽	过热蒸汽压力显示	PR-122
	省煤器出口给水温度显示	TI-103		减温器出口温度显示	TR-109
	减温水流量显示	FR-102		过热蒸汽温度显示	TR-110
锅炉汽包	汽包水位显示	LR-101		过热蒸汽流量显示	FR-106

4.4.2 燃烧过程检测系统

燃烧过程中，渣油泵出口压力和温度，渣油预热器出口压力、流量和温度，送风机出口空气流量和压力，雾化蒸汽压力，炼厂气压力，弛放气压力，锅炉炉膛压力和温度，过热器出口烟气温度，省煤器出口烟气温度，空气预热器出口温度等是生产操作中的重要变量，需要进行集中监视。其检测与显示系统见表 4-3。

表 4-3 燃烧过程检测系统

<table>
<tr><th>过　程</th><th>检测与显示系统</th><th>位　号</th></tr>
<tr><td rowspan="6">渣油输送</td><td>渣油泵出口压力显示</td><td>PI-110</td></tr>
<tr><td>渣油泵出口温度显示</td><td>TI-106</td></tr>
<tr><td>渣油流入量显示</td><td>FR-103</td></tr>
<tr><td>渣油预热器出口压力显示</td><td>PI-111</td></tr>
<tr><td>渣油预热器出口温度显示</td><td>TI-107</td></tr>
<tr><td>油枪阻力显示</td><td>PDI-117</td></tr>
<tr><td rowspan="2">炉膛</td><td>炉膛压力显示</td><td>PR-121</td></tr>
<tr><td>炉膛温度显示</td><td>TI-111
TI-112
TI-113
TI-114
TI-115</td></tr>
<tr><td rowspan="2">空气输送</td><td>送风机出口流量显示</td><td>FR-104</td></tr>
<tr><td>送风机出口压力显示</td><td>PI-105</td></tr>
<tr><td rowspan="4">烟道烟气</td><td>一段过热器出口烟气温度显示</td><td>TI-116</td></tr>
<tr><td>二段过热器出口烟气温度显示</td><td>TI-117</td></tr>
<tr><td>省煤器出口烟气温度显示</td><td>TI-118</td></tr>
<tr><td>空气预热器出口烟气温度显示</td><td>TI-119</td></tr>
<tr><td rowspan="3">其他介质</td><td>雾化蒸汽压力显示</td><td>PI-114</td></tr>
<tr><td>炼厂气压力显示</td><td>PI-115</td></tr>
<tr><td>弛放气压力显示</td><td>PI-116</td></tr>
</table>

第二篇　识读自控工程图

5　自控工程图例符号

在工业生产装置中，为了实现自动控制，都要设计、安装许多自控设施，如仪器、仪表、电线、电缆、管线、阀门、接头、电气设备、元件、部件等。每一项自控工程或设施，需要事先经过专门设计，以图示的形式，用各种图例符号表达在设计图纸上，这种图纸就是自控工程图。

技术图纸是工程技术人员的共同语言。工程设计图纸的内容，大部分是用图例符号来表示的（只有一小部分采用设备或部件的外形投影表示）。这不仅使图纸布局整齐有序、内容清晰准确、便于绘制，而且易于表达设计意图，便于阅读和交流技术思想。因此，图例符号是构成技术图纸的基本元素。

图例符号一般包括图形符号、文字代号和数字编号等。

本章介绍自控工程图中常用的图例符号和常用电气图例符号。

5.1　常用自控图例符号

在《自控专业工程设计用图形符号和文字代号》（HG/T 20637.2—98）中，提出了控制室（内、外）电缆（管缆）平面敷设图和仪表回路图等自控工程图中使用的图例符号。

5.1.1　施工图中的图形符号

5.1.1.1　现场仪表的图形符号

表示现场测量点、仪表和部件等的图形符号见表 5-1。

表 5-1　现场仪表的图形符号

序号	名称及内容	图 形 符 号	序号	名称及内容	图 形 符 号
1	测量点		5	变送器	气动变送器　电动变送器
2	热电阻、热电偶	热电阻　热电偶	6	检出开关	
3	供气仪表		7	电/气转换器	I/P
4	供电仪表		8	气/电转换器	P/I

5.1.1.2　控制阀的图形符号

表示控制阀的图形符号见表 5-2。

表 5-2　控制阀的图形符号

序号	名称及内容	图　形　符　号
1	气动薄膜控制阀	
2	电动控制阀	M
3	活塞式控制阀	H
4	电磁阀	S 先导式　过程直接作用式
5	开关阀	
6	阀位开关	
7	带阀位开关的气动薄膜控制阀	带一个限位开关　带两个限位开关
8	带气动阀门定位器的气动薄膜控制阀	

5.1.1.3　现场安装的仪表盘、箱的图形符号

表示现场安装的仪表盘、箱（盒）等的图形符号见表 5-3。

表 5-3　现场安装的仪表盘、箱（盒）等的图形符号

序号	名称及内容	图　形　符　号
1	仪表盘(箱)、继电器箱，粗实线侧为盘(箱)正面(尺寸按实物比例)	
2	供电箱，粗实线侧为箱的正面	
3	保温箱、保护箱，粗实线侧为箱的正面(尺寸按实物比例)	保温箱　保护箱
4	接线箱(盒)	
5	无接线端子的分线箱(盒)	
6	接管箱(盒)	
7	空气分配器	

5.1.1.4　电缆、管缆的图形符号

表示电缆、管缆（束）及汇线桥架等的图形符号见表 5-4。

表 5-4　电缆、管缆（束）及汇线桥架等的图形符号

序号	名称及内容	图　形　符　号
1	单根电缆或管缆	
2	平行敷设的电缆、管缆(束)、汇线桥架	
3	平行敷设带分支的电缆、管缆(束)、汇线桥架	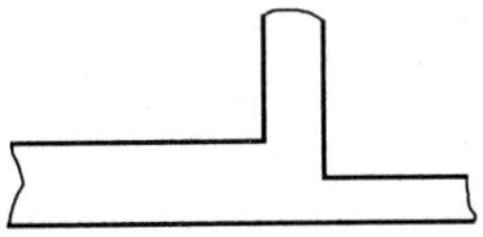
4	向上或向下敷设的电缆、管缆(束)、汇线桥架	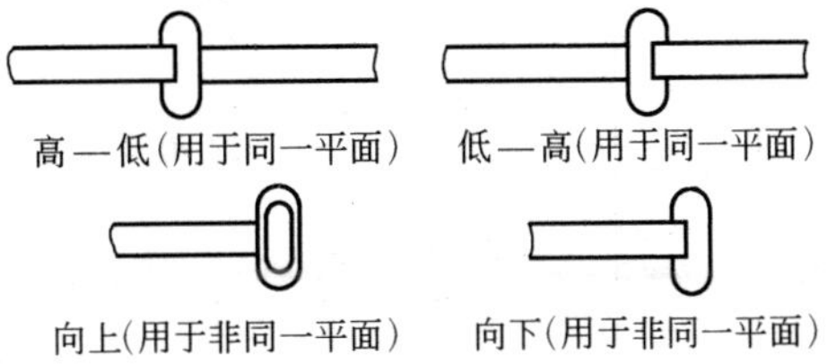 高—低(用于同一平面)　低—高(用于同一平面) 向上(用于非同一平面)　向下(用于非同一平面)
5	向上或向下带分支的电缆、管缆(束)、汇线桥架	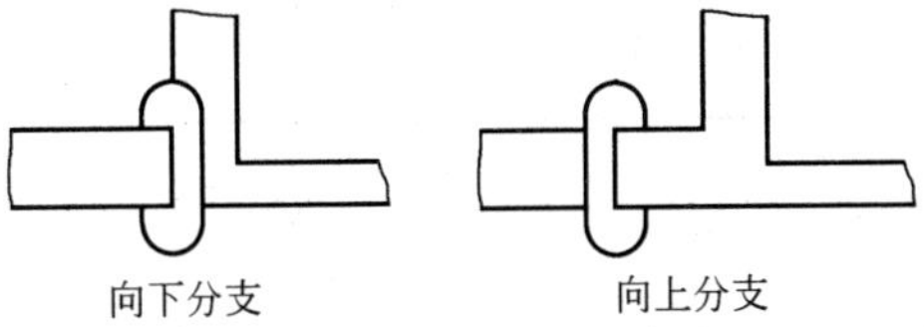 向下分支　向上分支
6	穿管埋入地下或直埋地下的电缆、管缆(束)、电缆沟	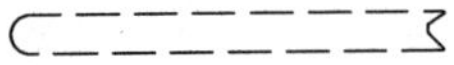
7	双层电缆、管缆(束)、汇线桥架	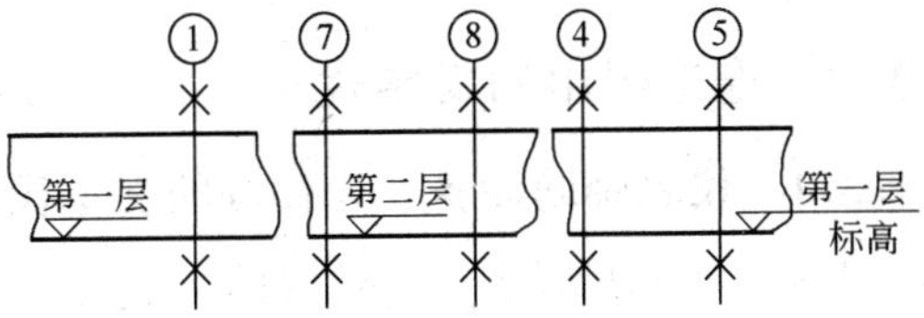 ① ⑦ ⑧ ④ ⑤ 第一层　第二层　第一层 标高

5.1.2　仪表回路图中的图形符号

仪表回路图中的图形符号包括接线端子板、穿板接头、仪表信号屏蔽线、仪表端子或通道编号、仪表系统能源标注等，见表 5-5。

表 5-5　仪表回路图中的图形符号

序号	名称及内容	图　形　符　号
1	仪表信号屏蔽线	
2	端子板	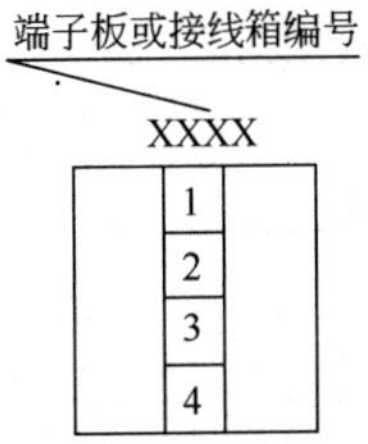 端子板或接线箱编号 XXXX 1 2 3 4

续表

序号	名称及内容	图 形 符 号
3	穿板接头	穿板接头或接管箱编号 XXXX 5 6 7 8
4	仪表端子或通道编号	17 18 15 16 FIC 101 11 12
5	电源标注	TR 102 L1 L2 G ES 220V 50Hz
6	气源标注	TT 103 AS AS 0.14MPa
7	液压源标注	WT 104 HS HS 0.5MPa

5.1.3 施工图中的文字代号

5.1.3.1 仪表辅助设备、元件等的文字代号

表示仪表辅助设备、元件等的文字代号见表 5-6。

表 5-6 仪表辅助设备、元件等的文字代号

文字代号	名称	
	中 文	英 文
AC	辅助柜	Auxiliary Cabinet
AD	空气分配器	Air Distributor
CB	接管箱	Connecting Pipe Box
CD	操作台(独立)	Control Desk(Independent)
BA	穿板接头	Bulkhead Adaptor
DC	DCS 机柜	Dcs Cabinet
GP	半模拟盘	Semi-Graphic Panel
IB	仪表箱	Instrument Box
IC	仪表柜	Instrument Cabinet
IP	仪表盘	Instrument Panel
IPA	仪表盘附件	Instrument Panel Accessory
IR	仪表盘后框架	Instrument Rack

续表

文字代号	名　称	
	中　文	英　文
IX	本安信号接线端子板	Terminal Block for Intrinsic-Safety Signal
JB	接线箱(盒)	Junction Box
JBC	触点信号接线箱(盒)	Junction Box for Contact Signal
JBE	电源接线箱(盒)	Junction Box for Electric Supply
JBG	接地接线箱(盒)	Junction Box for Ground
JBP	脉冲接线箱(盒)	Junction Box for Pulse Signal
JBR	热电阻接线箱(盒)	Junction Box for RTD Signal
JBS	标准信号接线箱(盒)	Junction Box for Standard Signal
JBT	热电偶接线箱(盒)	Junction Box T/C Signal
PB	保护箱	Protect Box
MC	编组接线柜	Marshalling Cabinet
PX	电源接线端子板	Terminal Block for Power Supply
RB	继电器箱	Relay Box
RX	继电器接线端子板	Terminal Block for Relay
SB	供电箱	Power Supply Box
SBC	安全栅柜	Safety Barrier Cabinet
SX	信号接线端子板	Terminal Block for Signal
TC	端子柜	Terminal Cabinet
UPS	不间断电源	Uninterruptable Power Supplies
WB	保温箱	Winterizing Box

5.1.3.2 电缆、电线的文字代号

表示电缆、电线的文字代号见表5-7。

表5-7 电缆、电线的文字代号

文字代号	名　称	
	中　文	英　文
CC	接点信号电缆(电线)	Contact Signal Cable(Wire)
Ci C	接点信号本安电缆	Contact Signal Intrinsic-Safety Cable
EC	电源电缆(电线)	Electric Supply Cable(Wire)
GC	接地电缆(电线)	Ground Cable(Wire)
PC	脉冲信号电缆(电线)	Pulse Signal Cable(Wire)
Pi C	脉冲信号本安电缆	Pulse Signal Intrinsic-Safety Cable
RC	热电阻信号电缆(电线)	RTD Signal Cable(Wire)
Ri C	热电阻信号本安电缆	RTD Signal Intrinsic-Safety Cable
SC	标准信号电缆(电线)	Singal Cable(Wire)
Si C	标准信号本安电缆	Signal Intrinsic-Safety Cable
TC	热电偶补偿电缆(导线)	T/C Compensating Cable(Conductor)
Ti C	热电偶补偿本安电缆	T/C Compensating Intrinsic-Sabfety Cable

5.1.3.3 气动仪表外部接头的文字代号

表示气动仪表外部接头的文字代号见表 5-8。

表 5-8 气动仪表外部接头的文字代号

文字代号	名称		文字代号	名称	
	中文	英文		中文	英文
I	输入	Input	RS	设定(远距离)	Remote Setting
O	输出	Output	AS	气源	Air Supply

5.1.3.4 管路的文字代号

表示管路的文字代号见表 5-9。

表 5-9 管路的文字代号

文字代号	名称		文字代号	名称	
	中文	英文		中文	英文
AP	空气源管路	Air Supply Pipeline	NP	氮气源管路	Nitrogen Supply Pipeline
HP	液压管路	Hydra-Pipeline	TB	管缆	Tube Bundle
MP	测量管路	Measuring Pipeline			

5.2 常用电气图例符号

电气图例符号用于自控设计中的供电、信号报警、联锁原理系统图及平面布置图中，以表达电气设备、装置、元件和电气线路在电气系统中的位置、功能和作用等。电气工程图通用图形符号见表 5-10，电气工程平面布置图常用图形符号见表 5-11，电气设备、装置和元器件种类的字母代号见表 5-12，电气设备常用基本文字符号见表 5-13，电气技术常用辅助文字符号见表 5-14。

表 5-10 电气工程图通用图形符号

序号	名称或说明	图形符号	序号	名称或说明	图形符号
1	开关一般符号		5	紧急开关	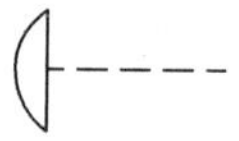
2	三极开关(单线表示)		6	钥匙开关	
3	三极开关(多线表示)	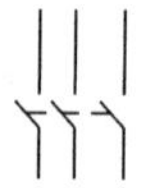	7	自动开关	
4	拉拔开关	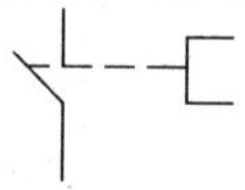	8	隔离开关	

续表

序号	名称或说明	图形符号
9	单极四位开关	 形式 1　形式 2
10	位置开关和限制开关(动合触点)	
11	位置开关和限制开关(动断触点)	
12	负荷开关	
13	熔断器式负荷开关	
14	单相单控明开关	
15	单相单控暗开关	
16	防水防尘单极开关	
17	故障检出开关(常开)	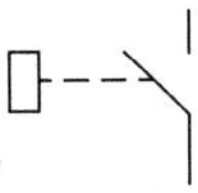
18	故障检出开关(常闭)	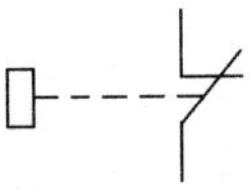
19	手动开关一般符号	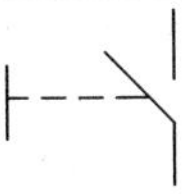
20	按钮开关(动合按钮)	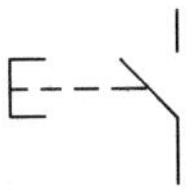
21	按钮开关(动断按钮)	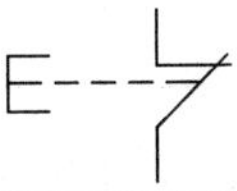
22	旋钮开关、旋转开关(闭锁)	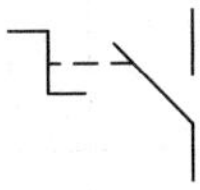
23	熔断器式开关	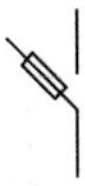
24	断路器	
25	熔断式断路器	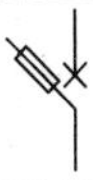
26	熔断器一般符号	
27	电阻器一般符号	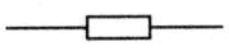 或
28	可变电阻器 可调电阻器	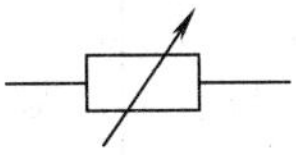
29	滑动触点电位器	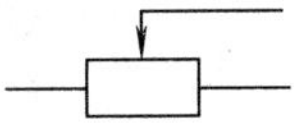
30	滑线式变阻器	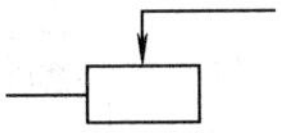
31	电容器一般符号	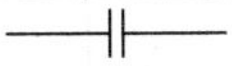 或 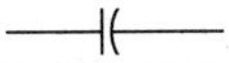
32	可变电容器 可调电容器	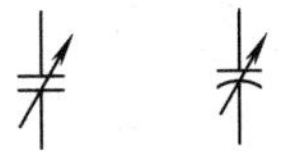 形式 1　形式 2
33	微调电容器	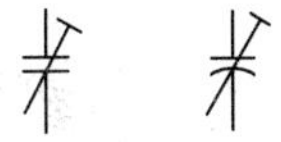 形式 1　形式 2
34	电感线圈	
35	电抗器、扼流圈	 形式 1　形式 2
36	电流互感器 脉冲变压器	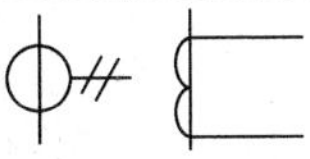 形式 1　形式 2
37	在一个绕组上有中心点抽头的变压器	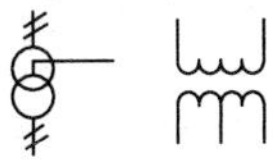 形式 1　形式 2
38	双绕组变压器	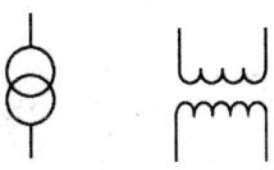 形式 1　形式 2

续表

序号	名称或说明	图形符号	序号	名称或说明	图形符号
39	自耦变压器	形式 1　形式 2	53	缓吸继电器线圈	
40	单相自耦变压器	形式 1　形式 2	54	缓吸和缓放继电器线圈	
41	可调压的单相自耦变压器	形式 1　形式 2	55	交流继电器线圈	~
42	原电池或蓄电池		56	热继电器的驱动器件	
43	原电池组 蓄电池组	形式 1　形式 2	57	接触器动合触点	
44	接地一般符号		58	接触器动断触点	
45	接机壳或接底板	形式 1　形式 2	59	动合(常开)触点	
46	无噪声接地		60	动断(常闭)触点	
47	保护接地		61	先断后合的转换触点	
48	等电位		62	先合后断的转换触点	
49	操作器件一般符号		63	中间断开的双向触点	
50	具有两个绕组的操作器件组合	形式 1　形式 2	64	延时闭合的动合触点	形式 1　形式 2
51	缓放继电器线圈		65	延时断开的动合触点	形式 1　形式 2
52	快速继电器线圈		66	延时闭合的动断触点	形式 1　形式 2

续表

序号	名称或说明	图形符号
67	延时断开的动断触点	形式 1　形式 2
68	延时闭合和延时断开的动合触点	
69	热继电器动断触点	
70	电压表	V
71	电流表	A
72	无功电流表	A $I\sin\varphi$
73	无功功率表	var
74	功率因数表	$\cos\varphi$
75	相位表	φ
76	检流计	
77	转速表	n
78	电度表(瓦特小时计)	Wh
79	频率表	Hz
80	电喇叭	
81	电铃	
82	蜂鸣器	优选形　其他形
83	电警笛、报警器	
84	灯的一般符号	
85	闪光型信号灯	
86	半导体二极管一般符号	
87	发光二极管	
88	利用温度效应的二极管	θ
89	单向击穿二极管、电压调整二极管	
90	双向二极管、交流开关二极管	
91	双向三极晶体闸流管、三端双向晶体闸流管	
92	插头	优选型　其他型
93	插座	优选型　其他型
94	插头和插座	优选型　其他型
95	交流发电机	G ~
96	交流电动机	M ~
97	单相同步电动机	MS 1~
98	避雷器	
99	整流器方框符号	~ —
100	桥式全波整流器方框符号	

表 5-11 电气工程平面布置图常用图形符号

序号	名称	图形符号	序号	名称	图形符号
1	架空线路		25	风扇一般符号	
2	地下线路		26	吊扇	
3	事故照明线		27	单相插座一般符号	
4	母线一般符号		28	单相插座暗装符号	
5	交流母线	~	29	单相插座密闭(防水)符号	
6	直流母线		30	单相插座防爆符号	
7	电力及照明用控制及信号线路		31	带接地插孔单相插座一般符号	
8	中性线		32	带接地插孔单相插座暗装	
9	保护线		33	带接地插孔单相插座密闭(防水)	
10	向上配线		34	带接地插孔单相插座防爆	
11	向下配线		35	带接地插孔三相插座一般符号	
12	盒(箱)一般符号		36	带接地插孔三相插座暗装	
13	连接盒或接线盒		37	带接地插孔三相插座密闭(防水)	
14	检修电源箱		38	带接地插孔三相插座防爆	
15	电缆穿管保护		39	插座板	
16	动力配电箱		40	带有单极开关的插座	
17	信号板、信号箱(屏)		41	带有熔断器的插座	
18	照明配电箱(屏)		42	开关一般符号	
19	事故照明配电屏				
20	电磁阀				
21	电动阀				
22	按钮盒(一般或保护型)				
23	按钮盒(密闭型和防爆型)	密闭型 防爆型			
24	带指示灯的按钮				

续表

序号	名　　称	图形符号	序号	名　　称	图形符号
43	三极开关一般符号		63	局部照明灯	
44	三极开关暗装		64	广照型灯	
45	三极开关密闭(防水)		65	深照型灯	
46	三极开关防爆		66	自带电源的事故照明灯(应急灯)	
47	单极拉线开关		67	投光灯的一般符号	
48	单极双控拉线开关		68	聚光灯	
49	单极三线双控开关		69	泛光灯	
50	多拉开关		70	球形灯	
51	钥匙开关		71	电阻箱	
52	定时开关		72	自动开关箱	
53	灯的一般符号		73	带熔断器的刀开关箱	
54	荧光灯一般符号		74	熔断器箱	
55	双管荧光灯		75	分线盒一般符号	
56	防爆荧光灯		76	室内分线盒	
57	防水防尘灯		77	室外分线盒	
58	在专用线路上的事故照明灯		78	分线箱	
59	天棚灯		79	组合开关箱	
60	安全灯		80	避雷针	
61	弯灯				
62	壁灯				

表 5-12 电气设备、装置和元器件种类的字母代号

符号	种 类	符号	种 类
A	组件、部件	P	测量设备、试验设备
B	非电量到电量变换器或电量到非电量变换器	Q	电力电路的开关器件
C	电容器	R	电阻器
D	二进制元件、延迟器件、存储器件	S	控制、记忆、信号电路的开关器件选择器
E	其他元器件	T	变压器
F	保护器件	U	调制器、变换器
G	发生器、发电机、电源	V	电子管、晶体管
H	信号器件	W	传输通道、波导、天线
K	继电器、接触器	X	端子、插头、插座
L	电感器、电抗器	Y	电气操作的机械器件
M	电动机	Z	终端设备、混合变压器、滤波器、均衡器、限幅器
N	模拟元件		

表 5-13 电气设备常用基本文字符号

符 号		名 称	符 号		名 称
单字母	双字母		单字母	双字母	
G		发电机	T		变压器
G	GD	直流发电机	T	TM	电力变压器
G	GA	交流发电机	T	TC	控制变压器
G	GS	同步发电机	T	TU	升压变压器
G	GA	异步发电机	T	TD	降压变压器
G	GM	永磁发电机	T	TA	自耦变压器
G	GH	水轮发电机	T	TR	整流变压器
G	GT	汽轮发电机	T	TF	电炉变压器
G	GE	励磁机	T	TS	稳压器
M		电动机	T		互感器
M	MD	直流电动机	T	TA	电流互感器
M	MA	交流电动机	T	TV	电压互感器
M	MS	同步电动机	U		整流器
M	MA	异步电动机	U		变流器
M	MC	笼型电动机	U		逆变器
W		绕组	U		变频器
W	WA	电枢绕组	Q	QF	断路器
W	WS	定子绕组	Q	QS	隔离开关
W	WR	转子绕组	Q	QA	自动开关
W	WE	励磁绕组	Q	QC	转换开关
W	WC	控制绕组	Q	QK	刀开关

续表

符号		名称	符号		名称
单字母	双字母		单字母	双字母	
S	SA	控制开关	W		电线
S	ST	行程开关	W		电缆
S	SL	限位开关	W		母线
S	SE	终点开关	F		避雷器
S	SS	微动开关	F	FU	熔断器
S	SF	脚踏开关	E	EL	照明灯
S	SB	按钮开关	H	HL	指示灯
S	SP	接近开关	G	GB	蓄电池
K		继电器	B		光电池
K	KV	电压继电器	A		调节器
K	KA	电流继电器	A		放大器
K	KT	时间继电器	A	AD	晶体管放大器
K	KF	频率继电器	A	AV	电子管放大器
K	KP	压力继电器	A	AM	磁放大器
K	KC	控制继电器	B		变换器
K	KS	信号继电器	B	BP	压力变换器
K	KE	接地继电器	B	BQ	位置变换器
K	KM	接触器	B	BT	温度变换器
Y	YA	电磁铁	B	BV	速度变换器
Y	YB	制动电磁铁	B		自整角机
Y	YT	牵引电磁铁	B	BR	测速发电机
Y	YL	起重电磁铁	B		送话器
Y	YC	电磁离合器	B		受话器
R		电阻器	B		拾声器
R		变阻器	B		扬声器
R	RP	电位器	B		耳机
R	RS	启动电阻器	W		天线
R	RB	制动电阻器	X		接线柱
R	RF	频敏电阻器	X	XB	连接片
R	RA	附加电阻器	X	XP	插头
C		电容器	X	XS	插座
L		电感器	P		测量仪表
L		电抗器	V		晶体管
L	LS	启动电抗器	V	VE	电子管
L		感应线圈			

表 5-14　电气技术常用辅助文字符号

符号	名称	符号	名称	符号	名称	符号	名称
H	高	FW	正	DC	直流	ASY	异步
L	低	R	反	AC	交流	SYN	同步
U	升	RD	红	V	电压	A,AUT	自动
D	降	GN	绿	AC	电流	M,MAN	手动
M	主	YE	黄	T	时间	ST	启动
AUX	辅	WH	白	ON	闭合	STP	停止
M	中	BL	蓝	OFF	断开		
C	控制	S	信号	ADD	附加		

6 识读控制室平面布置图

控制室是生产装置的一个重要组成部分，是生产操作人员借助工业自动化仪表和其他自动化设施对生产过程实行集中监测、控制的中心，有的也是生产管理人员进行技术管理、质量管理和生产调度的场所。因此，控制室的设置，不仅要为仪表及自控设备正常运行创造必要的条件，而且还要为生产操作人员的工作提供一个适宜的环境。

根据工厂的自动化水平，控制室可分为常规仪表控制室和分散型控制系统（DCS）控制室（简称DCS控制室）。

6.1 DCS控制室平面布置图

DCS中央控制室主要设置有安装DCS硬件和仪表盘的操作室、机柜室、计算机室或工程师站室、UPS电源室，在其区域内还为操作人员设置了必要的辅助房间，如操作人员交接班室、仪表维修室、空调机室、消防间及卫生间等。为了便于识读DCS控制室平面布置图，这里介绍一些DCS控制室设计的相关知识。

6.1.1 DCS控制室

《中华人民共和国行业标准·分散型控制系统中央控制室》（HG/T 20508—2000）提出了设计技术规定，这里简要介绍如下。

6.1.1.1 DCS控制室位置、布局和面积

（1）位置　联合装置或同一界区的多个工艺装置，可以合建中央控制室。中央控制室一般是单独设置的。当组成综合建筑物时，中央控制室一般设在一层平面，并且应为相对独立的单元，与其他单元之间不应有直接的通道。全厂性或联合装置的中央控制室尽可能靠近主要装置，现场控制室和现场机柜室最好是靠近操作较频繁和控制测量点较集中的区域。

中央控制室的位置应选择在非爆炸、无火灾危险的区域内，必要时应采取有效的防护措施。中央控制室最好不要与高压配电室毗邻布置，如果与高压配电室相邻，应采取屏蔽措施。控制室也不宜靠近厂区交通主干道，如果不可避免时，控制室最外边轴线距主干道中心的距离不应小于20m。控制室应远离高噪声源。控制室不应与压缩机室和化学药品库毗邻布置。

允许开窗的中央控制室的朝向宜坐北朝南，其次是朝北或朝东，不宜朝西，如不能避免，应采取遮阳措施。

（2）布局　操作室与机柜室、计算机室、工程师站室应相邻设置，并应有门直接相通。机柜室、计算机室、工程师站室与辅助用房毗邻时，不得有门相通。UPS电源室单独设置时，若在中央控制室区域布置，可以与机柜室相邻。单独设置的空调机室不得与操作室、机柜室直接相通。如相邻时必须采取减振和隔音措施。

操作室中设备的布置应突出经常操作的操作员接口设备（如操作站等），便于操作人员

观察和处理，操作室应有足够的操作空间并留有适当的余地。

操作站可按直线或弧线布置。当为两个或两个以上相对独立的工艺装置时，操作站可分组布置。打印机可布置在操作站的两侧或其他适当的位置。有仪表盘时（可燃气体检测器盘，压缩机轴振动、轴位移监控系统盘，火灾报警盘等），可布置在操作站的侧面。

机柜室内的DCS机柜、端子柜、配电柜、继电器柜、安全栅柜等宜成排布置，根据机柜数量可排成一排或数排。成排布置的机柜室，应留有安装、接线、检查和维修所需的足够空间。端子柜应尽量靠近信号电缆入口处。配电柜可以位于电源电缆入口处。DCS机柜的布置一般按其顺序排列。机柜布置时应避免机柜间连接电缆过多的交叉。

（3）面积　中央控制室的面积是根据DCS硬件和仪表盘的数量以及布置方式确定的。辅助房间的面积应根据实际需要确定。

两个操作站（台）的操作室，其建筑面积一般为40～50m^2，每增加一个操作站（台）再增加6～10m^2。操作站（台）前面离墙的净距离一般为3.5～5m，操作站（台）后面离墙的净距离一般为1.5～2.5m。操作站（台）侧面离墙净距离一般为2～2.5m。

机柜室的面积应按机柜的尺寸及数量确定。成排机柜之间净距离一般为1.5～2m。机柜侧面离墙净距离一般为1.5～2m。计算机室、工程师站室、UPS电源室等的面积应按设备尺寸、工作要求及安装、维护所需的空间确定。

6.1.1.2　DCS控制室的环境条件与建筑要求

（1）环境条件　DCS中央控制室的操作室、机柜室、计算机室、工程师室等的温度、湿度及其变化率要求见表6-1。

表6-1　DCS及计算机系统的温度、湿度及其变化率要求

名　称	温　度		温度变化率	相对湿度	相对湿度变化率
	冬	夏			
DCS	(20±2)℃	(26±2)℃	<5℃/h	50%±10%	<6%/h
计算机	(22±2)℃		<5℃/h	40%～50%	<6%/h

使用计算机系统的DCS控制室应按计算机要求设计。中央控制室内的空气应洁净，其净化要求为尘埃小于200$\mu g/m^3$（粒径小于10μm），H_2S小于10×10^{-9}，SO_2小于50×10^{-9}，Cl_2小于1×10^{-9}。控制室的噪声应限制在55dB(A)以下。控制室的朝向、布置与高度应有利于隔音要求。DCS设备的电磁场条件按制造厂要求。

（2）建筑要求　位于存在爆炸危险联合工艺装置区的中央控制室建筑物应采用抗爆结构设计。位于单一的工艺装置区的中央控制室建筑物，应根据存在的爆炸危险程度，采取相应的抗爆结构设计措施，例如，面向工艺装置一侧的墙采用防爆墙等。控制室应按防火建筑物标准设计，耐火等级不低于二级。

非抗爆结构设计的中央控制室的外墙宜采用砖墙。对于按抗爆结构设计的墙，根据不同的抗爆要求，可采用配筋墙或钢筋混凝土防爆墙。

控制室应考虑防静电措施，机柜室地面宜采用防静电活动地板，操作室地面可采用活动地板或水磨石地面。活动地板下方的基础地面宜为水磨石地面。活动地板离基础地面高度宜为300～800mm。基础地面高于室外地面应不小于300mm。

控制室内墙面应平整，不起灰，易于清洁且不反光。墙面宜涂无光漆或裱阻燃型无光墙布，涂层应是不易剥落的。必要时可使用吸声材料。内墙色调以浅色为宜，如白色、乳白色或淡黄色，色泽调和自然。

中央控制室应做吊顶，吊顶距地面的净高一般为2.8～3.3m。吊顶上方的净空应满足敷设风管、电缆、管线和暗装灯具的空间要求。

中央控制室的门应满足使用、安全和易于清洁的要求，采用非燃烧的材料。控制室长度超过15m的大型控制室应设置两个通向室外的门，并应设置门斗作为缓冲区。机柜室不应设置通向室外的门。操作室和计算机室不宜开窗或只开少量双层密封窗。

6.1.1.3 DCS控制室的采光与照明

（1）采光　中央控制室的照明应以人工照明为主。在距地面0.8m工作面上的不同区域，操作室、计算机室照度要求为300lx，机柜室为500lx，一般区域为300lx。

（2）照明　照明灯具一般采用荧光灯。光源不应对显示屏幕直射和产生眩光。灯具的布置宜为暗装、吸顶、格栅式，可以按区域或按组分别设置开关以适应不同照明的需要。必须设置事故应急照明系统，照度标准值一般为30～50lx。

6.1.1.4 DCS控制室的采暖、通风和空调系统

中央控制室应设置空气调节。室内应设有温度、湿度的指示或记录仪。

室内气流组织，应根据空气调节设计规范并结合现场实际情况确定。对设备布置密度大、设备发热量大的机柜间，通风一般采用活动地板下送上回方式，此时，送风气流不应直对工作人员。采用正压通风系统，当所有的开口（门、窗等）关闭时，应保持室内压力不低于25Pa。

UPS电源室独立设置时，应有通风设施。

6.1.1.5 DCS控制室的进线方式和室内电缆敷设

（1）进线方式　中央控制室进线可采用架空进线方式或地沟进线方式。电缆架空敷设时，穿墙或穿楼板的孔洞必须进行防气、液和鼠害等的密封处理。在寒冷地区采取防寒措施。地沟进线时，电缆沟室内沟底标高应高于室外沟底标高300mm以上，入口处和墙孔洞必须进行防气、液和鼠害等的密封处理，室外沟底应有泄水设施。

（2）电缆敷设　电缆进入活动地板下应在基础地面上敷设。信号电缆与电源电缆应分开，避免平行敷设。若不能避免平行敷设，应满足平行敷设时的有关规定要求的最小间距，或采取相应的隔离措施。信号电缆与电源电缆垂直相交时，电源电缆应放置于汇线槽内，并满足相应距离规定的要求。操作室若采用水磨石地面，电缆应在电缆沟内敷设，对电源电缆应采取隔离措施。

6.1.1.6 DCS控制室的供电、接地和安全保护

（1）供电　DCS和计算机系统电源应采用保安电源。供电电压和频率应满足DCS设备制造厂的要求。各用电设备应通过各自的开关和负荷断路器单独供电。

（2）接地　DCS和计算机系统接地应按制造厂要求，并符合仪表系统接地的有关规定。

（3）安全保护　中央控制室内必须设置火灾自动报警装置。中央控制室内应根据消防规范要求，设置相应的消防设施。控制室可能出现可燃气体或有毒气体时，应设置相应的检测

报警器。

6.1.1.7 DCS控制室设备的安装固定

采用活动地板时，操作站（台）和机柜应固定在型钢制作的支撑架上，该支撑架固定在基础地面上。其他外部设备可安置或固定在地板上。采用水磨石地面时，操作站（台）通过地脚螺钉或其他预埋件的方式固定。

6.1.2 识读DCS控制室平面布置图

6.1.2.1 DCS控制室平面布置图的内容

在DCS控制室平面布置图中，描绘了控制室内的所有仪表设备的安装位置，例如DCS操作站、DCS控制站、仪表盘、操作台、继电器箱、总供电盘、端子柜、安全栅柜、辅助盘和UPS等。

中央控制室平面布置图一般是按1∶50或1∶100的比例绘制的。根据工艺生产装置区中厂房布置关系，标出中央控制室及辅助房间的定位轴线编号，并用方位标记表明其朝向。

在自控施工图中，控制室平面布置图，电缆、管缆平面敷设图，仪表电缆桥架布置图等都是在生产装置区建筑物平面图上完成的，这类图上一般标有建筑物定位轴线和编号。在建筑物平面图上，凡是在承重墙、柱、梁等主要承重构件的位置所画的轴线，称为定位轴线。定位轴线标注的方法如图6-1所示。定位轴线编号的基本原则是：在水平方向，从左向右依次用阿拉伯数字标注；在垂直方向，自下向上依次用拉丁字母（I、O、Z一般不用）标注。数字和字母分别用点划线引出。定位轴线有助于制图和读图时确定设备、部件和管线等的位置，计算电缆、管缆、管线等的长度。

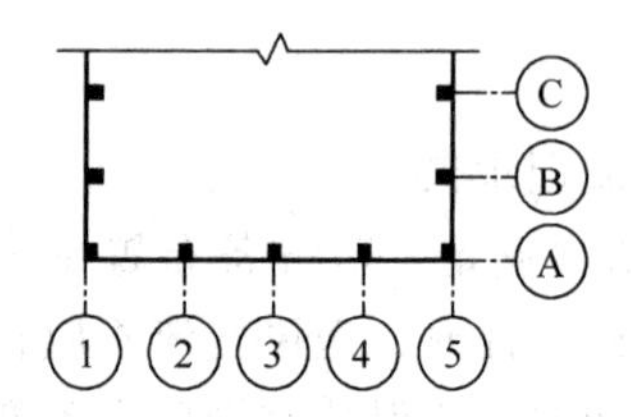

图6-1　定位轴线标注

在平面布置类图纸中，一般按上北下南、左西右东的惯例表示厂房建筑物的位置和朝向。但有时由于图纸中内容布置等原因，建筑物的朝向可能与通常的惯例不一致，需要用方位标记加以注明。方位标记如图6-2所示，其箭头方向N（North）表示正北方向。

图6-2　方位标记

根据控制室的建筑要求，门、窗和上、下楼梯等是用规定的符号画出的。读图时要注意控制室的朝向和开门方向。

图中用规定的符号标出了控制室所在楼层平面及操作室和机柜室的相对标高，单位为m（米）。相对标高是选定某一参考面或参考点为零点而确定的高度尺寸。它一般采用室外某一平面或某层楼平面作为参考零点而计算高度。用相对标高也可以标注安装标高或敷设标高。

图中还标注出电缆入口处。图纸右下角一般为标题栏及设备材料表，从中可以了解控制室内的所有仪表设备的名称、规格、型号和数量等信息。

6.1.2.2 识图举例

某工厂DCS中央控制室的平面布置图如图6-3所示，控制室中的设备见表6-2。控制室位于控制楼一楼，其面积为18000mm×8700mm，室内活动地板高出室外基础地面400mm。中央控制室设置于生产装置区的南北方向A—B—C—D，东西方向1—2—3—4—5—6—7—8

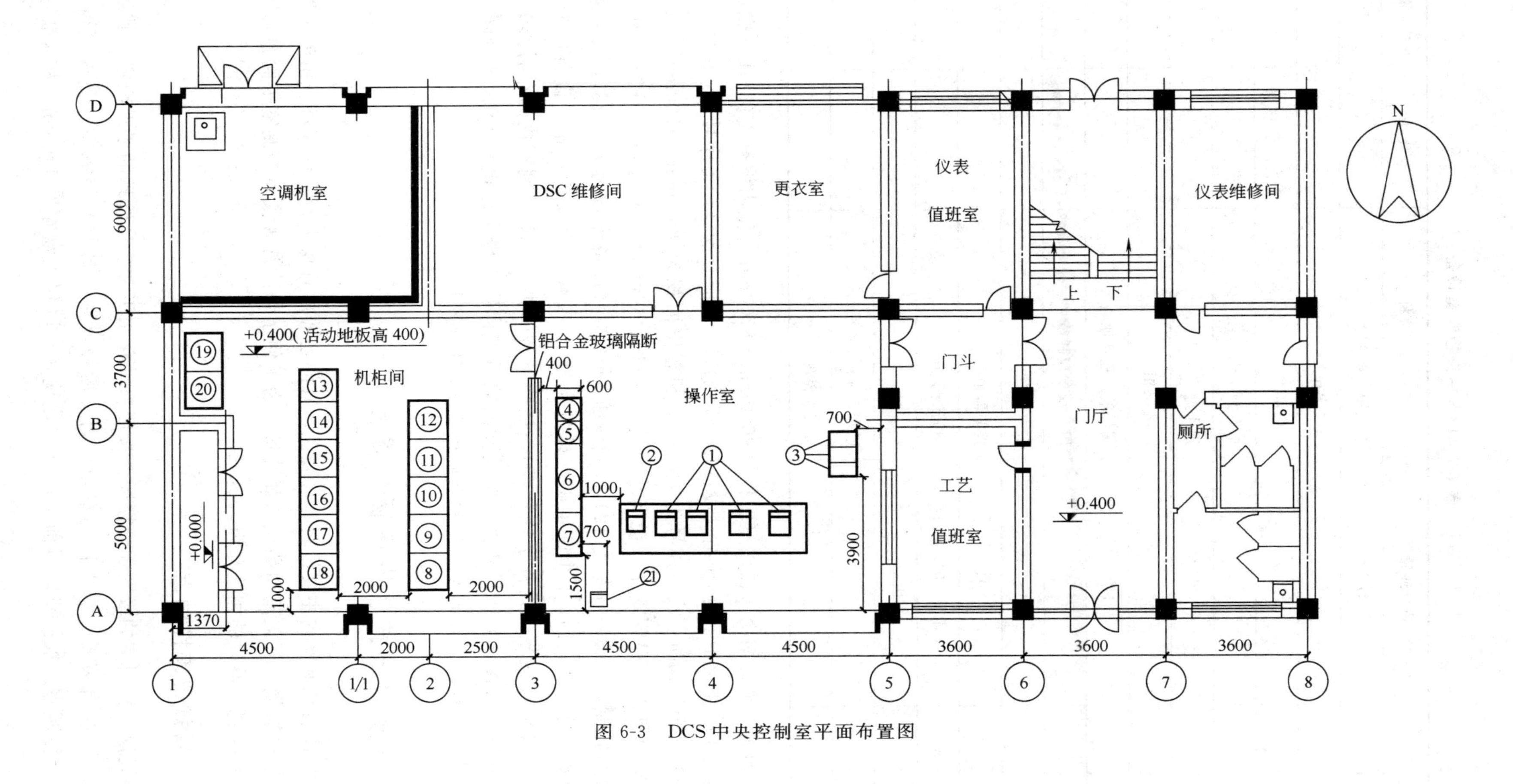

图 6-3 DCS中央控制室平面布置图

表 6-2　DCS 中央控制室设备

序号	位号或符号	名　　称	数量	备注
1	GUS	全局用户操作站	4	
2		PLC 操作站	1	
3		打印机	3	
4～6		成套盘	3	
7	101IP	操作盘	1	
8		LCN 机柜	1	
9～11	HPM	高性能过程管理站	3	
12		PLC 现场控制站	1	
13,14	1RC,2RC	继电器柜	2	
15	1AC	报警器柜	1	
16～18	1MC,2MC,3MC	中间端子柜	3	
19	PDP	配电柜	1	
20		语音系统柜	1	
21		火灾报警盘	1	

区域，朝向为坐北朝南。操作室面积为 9000mm×8700mm，室内设有 4 台 GUS 操作站（设备序号为 1），1 台 PLC 操作站（设备序号为 2），3 块成套盘（设备序号为 4～6），1 块辅助操作盘和 3 台打印机（设备序号为 7 和 3）。机柜室面积为 9000mm×8700mm，其中设有 3 台 HPM 高性能过程管理站（设备序号为 9～11），1 台 LCN 机柜（设备序号为 8），1 个 PLC 现场控制站（设备序号为 12），3 个中间端子柜（设备序号为 16～18），1 个隔离报警器柜（设备序号为 15），1 个配电柜（设备序号为 19），2 个继电器柜（设备序号为 13 和 14），1 个语音系统柜（设备序号为 20）。这些设备的类型，在控制室内的布置形式、位置、前后区域面积分配，间距尺寸大小等是读图的重点内容。楼中还设有 DCS 维修间、仪表维修间、仪表备件间、仪表值班室和空调机室等辅助房间。

6.2　常规仪表控制室平面布置图

常规仪表控制室内主要设置有仪表盘，有的还要放置操纵台、计算机、供电装置、供气装置、继电器箱、开关箱和端子箱等设备。为了便于识读常规仪表控制室平面布置图，这里介绍一些控制室设计的相关知识。

6.2.1　常规仪表控制室

常规仪表控制室的级别和规模通常按照自动化水平和生产管理的要求确定。其级别一般分为厂级（联合装置）中央控制室和车间工段级（单一装置）控制室，其规模可分为大、中、小型控制室。根据我国目前工厂自动化现状，以仪表盘宽度 1100mm 为基准，一般认为10块盘以上为大型控制室，6～10块盘为中型控制室，6块盘以下为小型控制室。《中华人民共和国行业标准·常规仪表控制室》（HG/T 20508—2000）提出了设计技术规定，这里简要介绍如下。

6.2.1.1 控制室的布置与面积

（1）布置　除控制室外，根据需要可设置UPS电源室、操作人员交接班室、仪表维修室、空调机室、消防间及卫生间等。采用框架式仪表盘时，盘前区与盘后区一般是隔断的。

控制室内仪表盘平面布置应便于操作，并使操作人员能观察到尽可能多的盘面。仪表盘应面向生产装置，排列形式应根据盘的数量、经济、实用、美观和安装条件等因素确定。目前工厂控制室中仪表盘多为直线形排列，这是因为直线形排列时，地沟构造简单，施工方便，盘前区整齐宽敞。但若盘数量多，盘面太宽，观察时往往要来回走动，而且当控制室坐北朝南或坐西朝东时，由于采光位于仪表盘对面，易产生眩光现象。折线形布置比较紧凑，面积可缩小，观察方便，但盘前区狭小些，安装比直线形要复杂一些。常见形式还有弧线形、Γ形和Π形等。根据需要可预留备用盘的位置。仪表盘排列形式可参考表6-3。

表6-3　仪表盘排列形式

布置形式		经济效果		使用效果		美观效果	安装	适用的控制室
名称	示意图	单位操纵台监测仪表盘数量	占地面积	视觉	眩光			
直线形		最小	较大	较差	难避免	整齐宽敞	方便	中、小型
折线形		较多	较小	较好	可减少	一般	较方便	大、中型
Γ形		较小	较小	较好	可减少	一般	较方便	中、小型
弧形		一般	一般	较好	可减少	弧度适中时较好	较方便	大型
Π形		较多	较小	一般	较少	一般	方便	大型

（2）面积　控制室的面积主要考虑其长度、进深以及盘前、盘后区大小的分配，以便于安装、维修和日常操作。

控制室的长度主要根据仪表盘的数量和布置形式来确定。如仪表盘为直线形排列时，其长度一般等于仪表盘总宽度加门屏的宽度。其他形式布置时根据具体情况来决定。

控制室的进深是根据其规模、仪表盘类型、仪表盘后辅助设备的数量、有无操纵台等因素决定的。进深$L=A+B+S+C$，如图6-4所示。图中，S表示操纵人员的眼睛至仪表盘的水平距离。水平距离短，清晰度高，但在同等视角范围内能管理的仪表盘数也少。根据我国成年人的平均身高，以监视3m宽度的仪表盘和盘上离地面0.8m左右的设备计算，有操纵台时，取$S=2.5\sim4$m较合适；无操纵台时，取$S\geqslant3.5$m。A表示盘后区的深度，是指仪表盘后边缘至墙面的距离。一

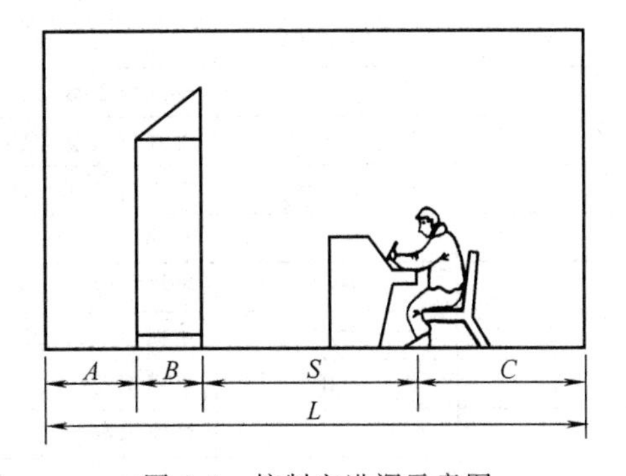

图6-4　控制室进深示意图

般地，框架式仪表盘和后开门的柜式仪表盘，常取 $A=1.5\sim2$m。通道式仪表盘可取 $A=0.8\sim1.0$m。

当盘后有辅助设备时，还应加上辅助设备的宽度。B 表示仪表盘进深，一般取 $B=0.6\sim0.9$m。总之，有操纵台时，$L\geqslant7.5$m；无操纵台时，$L\geqslant6$m；大型控制室长度超过20m时，$L>9$m；小型控制室仪表盘数量较少时，进深可适当减小。

6.2.1.2 其他方面

控制室的位置选择、建筑结构、光和照明、空调和采暖、进线方式和电缆管缆敷设方式、通信和安全保护措施等方面要求与DCS控制室基本类似，在此不再赘述。

6.2.2 识读常规仪表控制室平面布置图

6.2.2.1 控制室平面布置图的内容

在常规仪表控制室平面布置图中，表示出了安装位置，例如仪表盘、操作台、继电器箱、总供电盘、端子柜、安全栅柜、辅助盘等。

常规仪表控制室平面布置图一般采用1∶50的比例绘制。根据已确定的控制室在工艺生产装置区中的位置，标出了其定位轴线编号。根据控制室的建筑要求，用规定的符号画出了围墙、墙柱、门和窗。注意控制室的朝向和开门方向。在图纸右下角通常有标题栏和设备表，从中可以了解控制室内的所有仪表设备的名称、规格、型号和数量等信息。

6.2.2.2 识图举例

某工厂模拟仪表控制室的平面布置图如图6-5所示。这间控制室的建筑面积为9000mm×6000mm，以室外装置区地坪为基准，室内地面标高为+0.60m，控制室设置于生产装置区的南北方向Q—R—S，东西方向9—8—7—6区域，朝向为坐北朝南，南墙上设有三个大玻璃窗供自然采光，东南角和西南角分别设有双向弹簧门。仪表盘排列成直线形，两侧分别设置一个侧门。图中，1IP～6IP为框架式仪表盘，其顶部设有半模拟仪表盘1GP～3GP（图中未示出）。图中的设备见表6-4。阅读模拟仪表控制室平面布置图时，重点要关注仪表盘的排列形式、结构类型和盘前后的区域面积等。

表6-4 模拟仪表控制室设备

序号	位号或符号	名称及规格	型号	数量	备注
1	1IP	框架式仪表盘(2100×800×900)	KK-23	1	
2	6IP	框架式仪表盘(2100×800×900)	KK-32	1	
3	2IP～5IP	框架式仪表盘(2100×800×900)	KK-33	1	
4		屏式仪表盘(2100×900)	KP-43	1	
5		屏式仪表盘(2100×900)	KP-34	1	
6		左侧门(2100×900)	KMZ	1	
7		右侧门(2100×900)	KMY	1	
8	1GP	半模拟盘(700×1600)	KN-43	1	
9	2GP	半模拟盘(700×1600)	KN-33	1	
10	3GP	半模拟盘(700×1600)	KN-34	1	
11		半模拟盘(700×1800)	KN-43	1	
12		半模拟盘(700×1800)	KN-34	1	

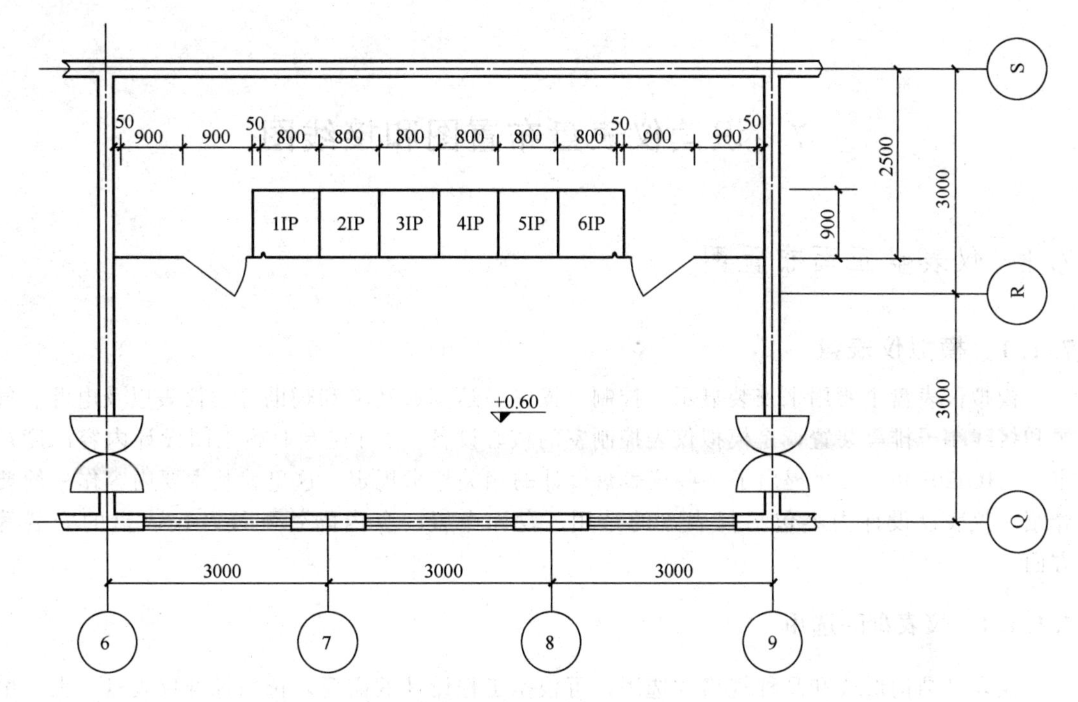

图 6-5 模拟仪表控制室平面布置图

7 识读仪表盘布置图和接线图

7.1 仪表盘正面布置图

7.1.1 模拟仪表盘

模拟仪表盘主要用来安装显示、控制、操纵、运算、转换和辅助等类仪表以及电源、气源和接线端子排等装置，是模拟仪表控制室的核心设备。《自控专业施工图设计内容深度规定》(HG 20506—92) 提出了一些仪表盘设计的相关技术规定，这里就其主要内容作一简要介绍。仪表盘设计内容包括仪表盘的选用、盘面布置、盘内配管配线及仪表盘的安装等方面。

7.1.1.1 仪表盘的选用

仪表盘结构形式和品种规格的选用，可根据工程设计的需要，选用标准仪表盘。大、中型控制室内仪表盘宜采用框架式、通道式、超宽式仪表盘。盘前区可视具体要求设置独立操作台，台上安装需经常监视的显示、报警仪表或屏幕装置、按钮开关、调度电话、通信装置。小型控制室内宜采用框架式仪表盘或操作台。环境较差时宜采用柜式仪表盘。若控制室内仪表盘盘面上安装的信号灯、按钮、开关等元器件数量较多，应选用附接操作台的各类仪表盘。含有粉尘、油雾、腐蚀性气体、潮气等环境恶劣的现场，宜采用具有外壳防护兼散热功能的封闭式仪表柜。

7.1.1.2 仪表盘盘面布置

仪表在盘面上布置时，应尽量将一个操作岗位或一个操作工序中的仪表排列在一起。仪表的排列应参照流程顺序，从左至右进行。当采用复杂控制系统时，各台仪表应按照该系统的操作要求排列。采用半模拟盘时，模拟流程应与仪表盘上相应的仪表尽可能相对应。半模拟盘的基色与仪表盘颜色应协调。

仪表盘盘面上仪表的布置的高度一般分成三段。上段距地面标高 1650～1900mm 内，通常布置指示仪表、闪光报警仪、信号灯等监视仪表；中段距地面标高 1000～1650mm 内，通常布置控制仪、记录仪等需要经常监视的重要仪表；下段距地面标高 800～1000mm 内，通常布置操作器、遥控板、开关、按钮等操作仪表或元件。采用通道式仪表盘时，架装仪表的布置一般也分三段。上段一般设置电源装置；中段一般设置各类给定器、设定器、运算单元等；下段一般设置配电器、安全栅、端子排等。仪表盘盘面上安装仪表的外形边缘至盘顶距离应不小于 150mm，至盘边距离应不小于 100mm。

仪表盘盘面上安装的仪表、电气元件的正面下方应设置标有仪表位号及内容说明的铭牌框（板）。背面下方应设置标有与接线（管）图相对应的位置编号的标志，如不干胶贴等。根据需要允许设置空仪表盘或在仪表盘盘面上设置若干安装仪表的预留孔。预留孔尽可能安装仪表盲盖。

7.1.1.3 仪表盘盘内配线和配管

仪表盘盘内配线可采用明配线和暗配线。明配线要挺直，暗配线要用汇线槽。仪表盘盘内配线数量较少时，可采用明配线方式；配线数量较多时，宜采用汇线槽暗配线方式。仪表盘盘内信号线与电源线应分开敷设。信号线、接地线及电源线端子间应采用标记端子隔开。

仪表盘相互间有连接电线（缆）时，应通过两盘各自的接线端子或接插件连接。进出仪表盘的电线（缆），除热电偶补偿导线及特殊要求的电线（缆）外，应通过接线端子连接。本安电路、本安关联电路的配线应与其他电路分开敷设。本安电路与非本安电路的接线端子应分开，其间距不小于 50mm。本安电路的导线颜色应为蓝色，本安电路的接线端子应有蓝色标记。

仪表盘盘内气动配管一般采用紫铜管或 PVC 护套的紫铜管，进出仪表盘必须采用穿板接头，穿板接头处应设置标有用途及位号的铭牌。

7.1.1.4 仪表盘的安装

控制室内仪表盘一般安装在用槽钢制成的基座上，基座可用地脚螺栓固定，也可焊接在预埋钢板上。当采用屏式仪表盘时，盘后应用钢件支撑。

控制室外、户外仪表盘一般安装在槽钢基座或混凝土基础上，基座（础）应高出地面 50～100mm。若在钢制平台上安装，可采用螺栓固定。仪表盘坐落平台部位应采取加固措施。

7.1.2 识读仪表盘正面布置图

7.1.2.1 仪表盘正面布置图的内容

在仪表盘正面布置图中，表示出仪表在仪表盘、操作台和框架上的正面布置位置，标注出了仪表位号、型号、数量、中心线与横坐标尺寸，并表示出了仪表盘、操作台和框架的外形尺寸及颜色。

仪表盘正面布置图一般以 1∶10 的比例绘制。当仪表采用高密度排列时，也可用 1∶5 的比例绘制。盘上安装的仪表、电气设备及元件，在其图形内（或外）水平中心线上标注了仪表位号或电气设备、元件的编号，中心线下标注了仪表、电气设备及元件的型号。而每块仪表盘也在下部标注出了其编号和型号。

为了便于标明仪表盘上安装的仪表、电气设备及元件等的位号和用途，在它们的下方均设置了铭牌框。大铭牌框用细实线矩形线框表示，小铭牌框用一条短粗实线表示，不按比例。

仪表在盘正面的位置尺寸是这样标注的：横向尺寸线从每块盘的左边向右边，或从中心线向两边标注，纵向尺寸线应自上而下标注，所有尺寸线均不封闭（封闭尺寸加注了括号）。

7.1.2.2 识图举例

某工厂自控设计中的仪表盘正面布置情况如图 7-1 所示。这里选用了框架式仪表盘。其中，1 号盘 1IP 上配置了电动控制仪表，2 号盘 2IP 上配置了气动控制仪表。仪表盘的颜色

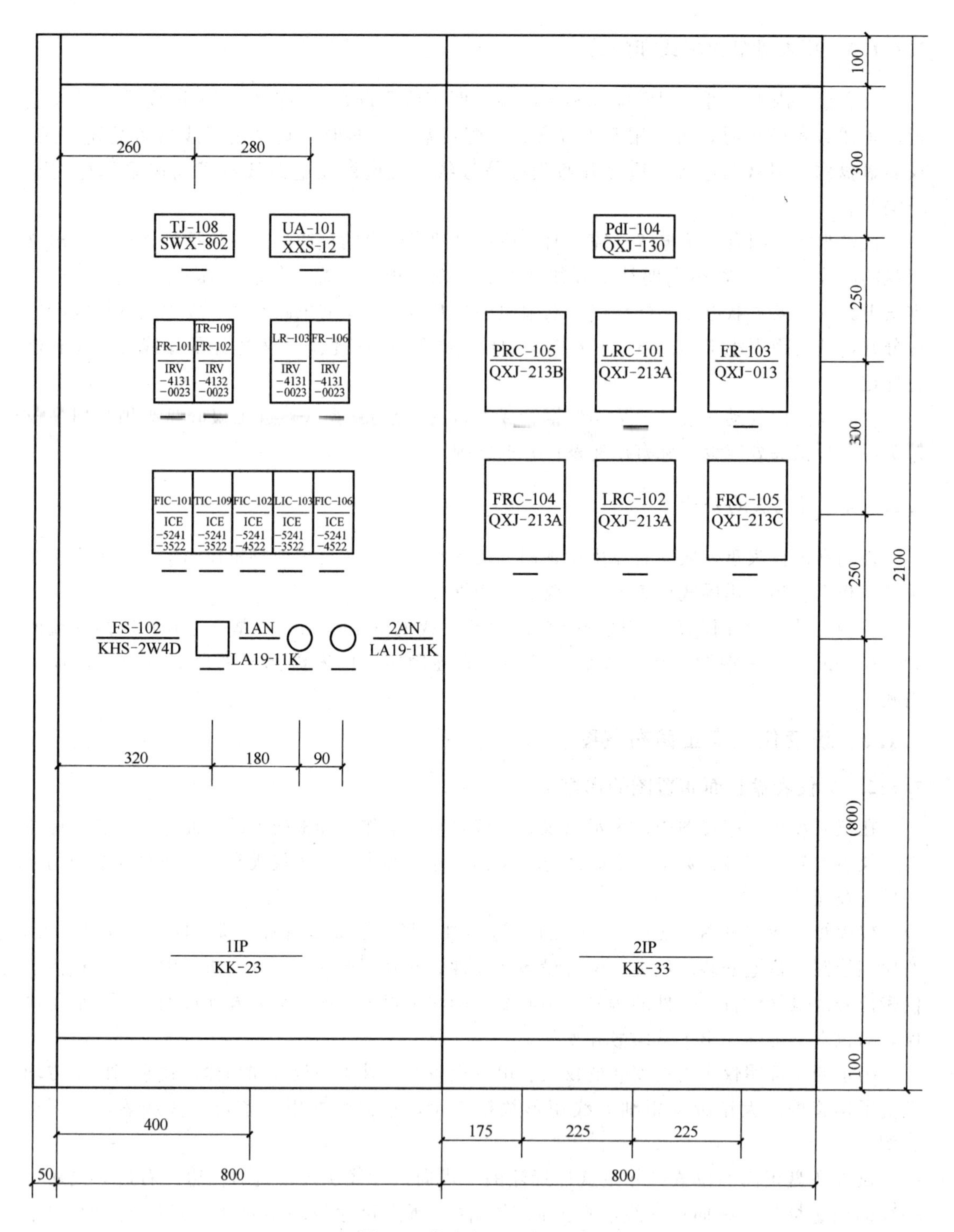

图 7-1 仪表盘正面布置图

为苹果绿色。首尾两块仪表盘设置了装饰边，其宽度为 50mm。安装在盘面上的全部仪表、电气设备及元件，分盘完整地列在设备表中。仪表盘中的仪表及电气设备的型号和规格见表 7-1。读图时，应将仪表盘正面布置图和设备表中的内容结合起来，予以对照，以便了解其详细而准确的信息。

表 7-1 仪表盘正面布置图中的设备和材料

序号	位号或符号	名称及规格	型号	数量	备注
1IP					
1	1IP	框架式仪表盘(2100×800×900)	KK-23	1	
2	FIC-101,TIC-109,LIC-103	指示调节器	ICE-5241-3522	3	
3	FIC-102,FIC-106	指示调节器	ICE-5241-4522	2	
4	FR-101	记录仪,0～6300kg/h,方根刻度	IRV-4131-0023	1	
5	FR-106	记录仪,0～5000kg/h,方根刻度	IRV-4131-0023	1	
6	TR-109/FR-102	记录仪,0～100℃,0～1600kg/h,方根刻度	IRV-4132-0023	1	
7	LR-103	记录仪,0～100%	IRV-4131-0023	1	
8	TJ-108	数字温度巡检仪,Pt 100,0～100℃	SWX-802	1	
9	UA-101	闪光报警器	XXS-12	1	
10	FS-102	塑料分头转换开关	KHS-2W4D	1	
11	1AN	控制按钮	LA19-11K	1	消声
12	2AN	控制按钮	LA19-11K	1	试验
13		小铭牌框		14	
2IP					
1	2IP	框架式仪表盘(2100×800×900)	KK-33	1	
2	PRC-105	气动指示记录调节仪,0～1.0MPa	QXJ-213B	1	
3	FRC-104	气动指示记录调节仪,0～8000kg/h,方根刻度	QXJ-213A	1	
4	LRC-101,LRC-102	气动指示记录调节仪,0～100%	QXJ-213A	2	
5	FRC-105	气动指示记录调节仪,0～5000kg/h,方根刻度	QXJ-213C	1	
6	FR-103	气动一笔记录仪,0～800m^3/h,方根刻度	QXJ-013	1	
7	PdI-104	气动条型指示仪,0～100%	QXJ-130	1	
8		小铭牌框		7	

7.2 仪表盘背面接线图

7.2.1 仪表管线编号方法

7.2.1.1 仪表盘（箱）内部接线（接管）的表示方法

仪表盘（箱）内部仪表与仪表、仪表与接线端子（或穿板接头）的连接有三种表示方法，即直接连线法、相对呼应编号法和单元接线法。

（1）直接连线法　直接连线法是根据设计意图，将有关端子（或接头）直接用一系列连线连接起来，直观、逼真地反映了端子与端子、接头与接头之间的相互连接关系。但是，这种方法既复杂又累赘。当仪表及端子（或接头）数量较多时，线条相互穿插、交织在一起，比较繁乱，寻找连接关系费时费力，读图时容易看错。因此，这种方法通常适用于仪表及端子（或接头）数量较少，连接线路比较简单，读图不易产生混乱的场合。在仪表回路图或有与热电偶配合的仪表盘背面电气接线图中，可采用这种方法。

单根或成束的不经接线端子（或穿板接头）而直接接到仪表的电缆电线（如热电偶）、气动管线和测量管线，在仪表接线点（或气接头）处的编号，均用电缆、电线或管线的编号表示，必要时应区分（+）、（－）等，如图 7-2 所示。图中，QXZ-110、EWX_2-007 分别为气动指示仪和电子平衡式温度显示记录仪的型号，3V-1、3V-2 和 3V-3 是气源管路截止阀的编号。

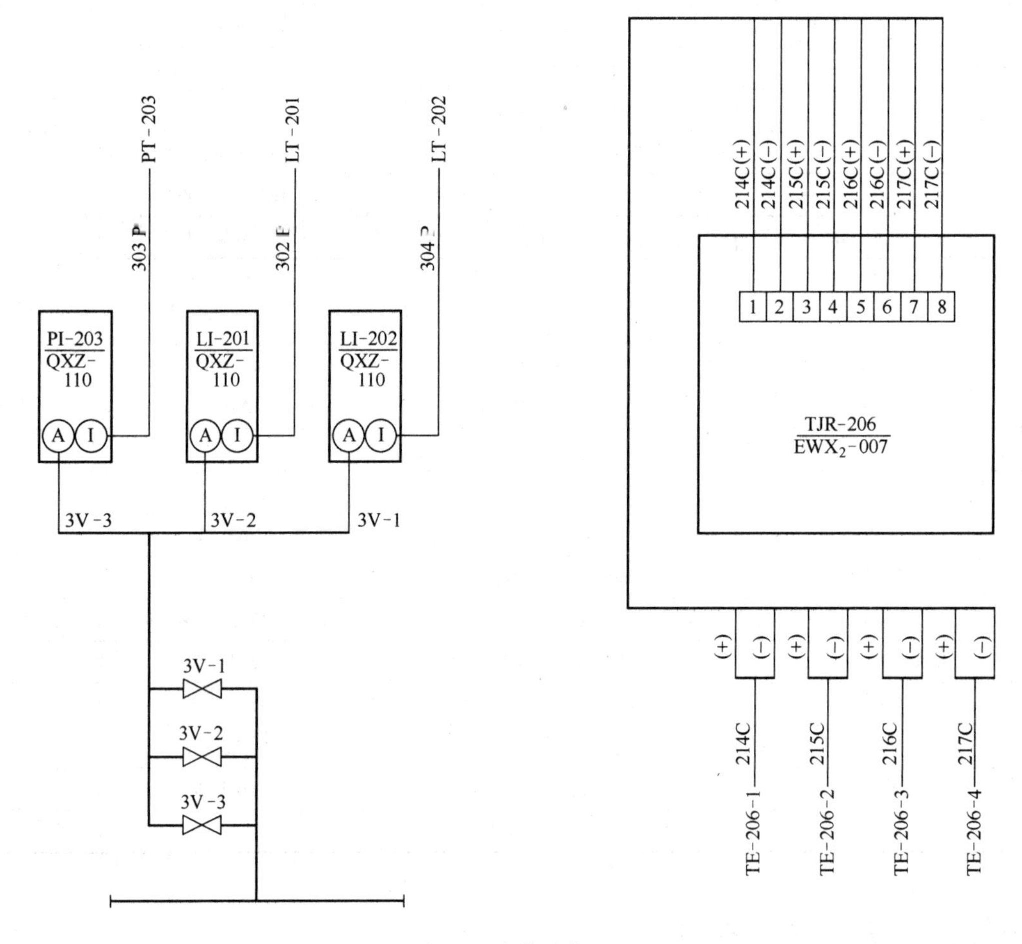

图 7-2　直接连线法

（2）相对呼应编号法　相对呼应编号法是根据设计意图，对每根管、线两头都进行编号，各端头都编上与本端头相对应的另一端所接仪表或接线端子或接头的接线点号。每个端头的编号以不超过 8 位为宜，当超过 8 位时，可采取加中间编号的方法。

在标注编号时，应按先去向号，后接线点号的顺序填写。在去向号与接线点号之间用一字线“—”隔开，即表示接线点的数字编号或字母代号应写在一字线的后面，如图 7-3 所示。图中，QXJ-422、QXZ-130、DXZ-110、XWD-100、DTL-311 分别为气动指示记录调节仪、气动指示仪、电动指示仪、小长图电子平衡式记录仪和电动调节器等仪表的型号。

与直接连线法相比，相对呼应编号法虽然要对每个端头都进行编号，但省去了对应端子之间的直接连线，从而使图面变得比较清晰、整齐而不混乱，便于读图和施工。在仪表盘背面电气接线图和仪表盘背面气动管线连接图中，普遍采用这种方法。

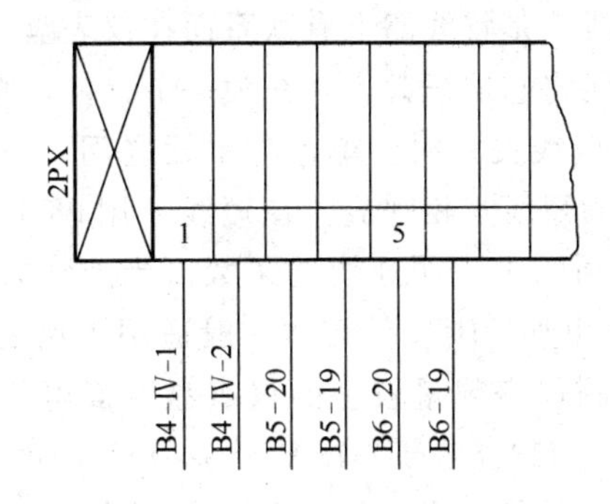
2PX
1
5
B4-Ⅳ-1
B4-Ⅳ-2
B5-20
B5-19
B6-20
B6-19

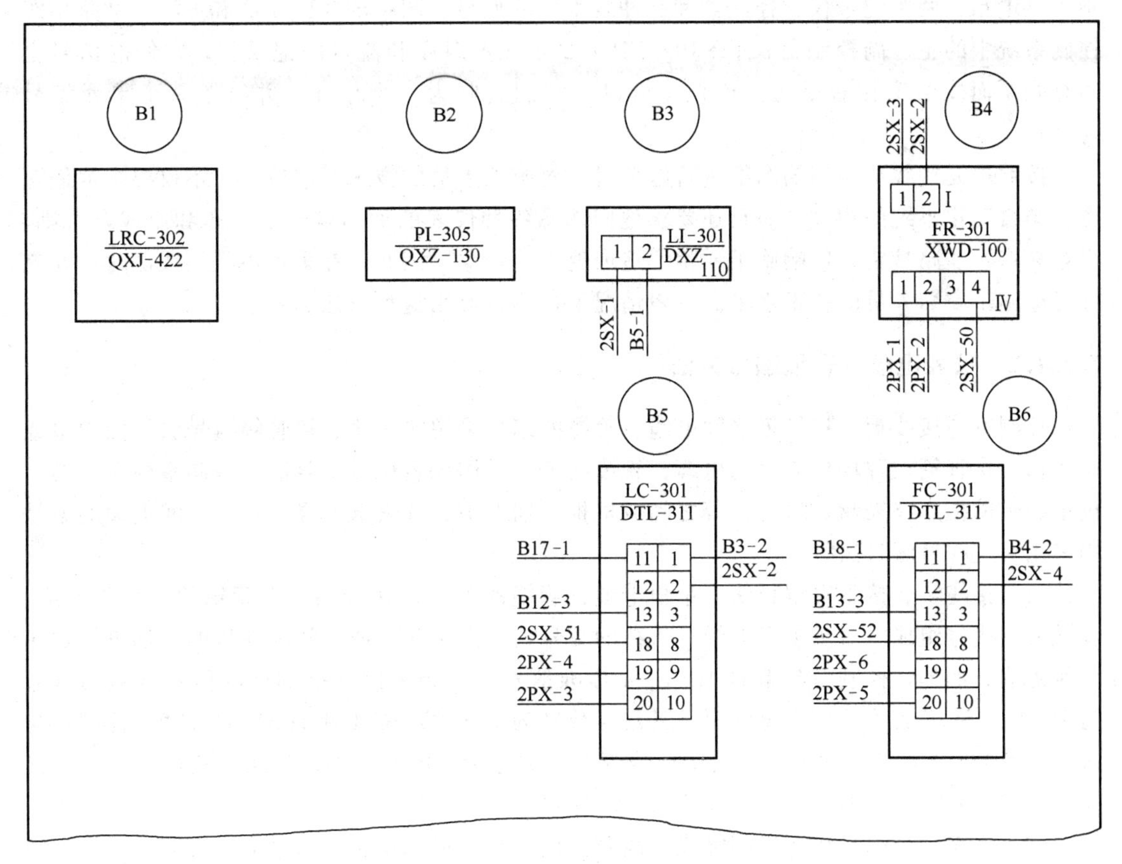
B1
LRC-302
QXJ-422
B2
PI-305
QXZ-130
B3
LI-301
DXZ-110
2SX-1
B5-1
B4
2SX-3
2SX-2
FR-301
XWD-100
Ⅰ
Ⅳ
2PX-1
2PX-2
2SX-50
B5
LC-301
DTL-311
B17-1
B12-3
2SX-51
2PX-4
2PX-3
B3-2
2SX-2
B6
FC-301
DTL-311
B18-1
B13-3
2SX-52
2PX-6
2PX-5
B4-2
2SX-4

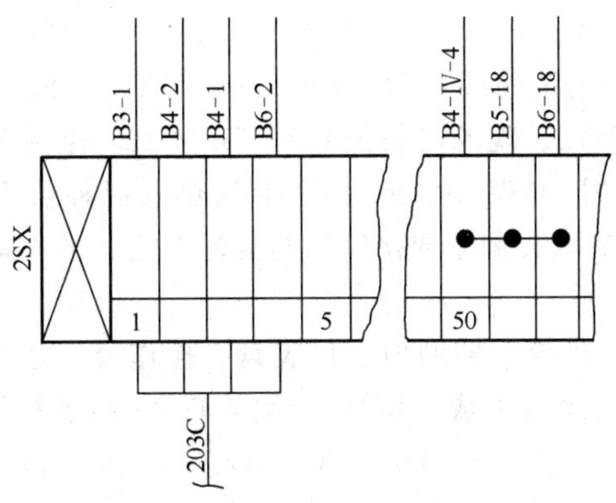
B3-1
B4-2
B4-1
B6-2
B4-Ⅳ-4
B5-18
B6-18
2SX
1
5
50
203C

图 7-3　相对呼应编号法

（3）单元接线法　单元接线法是将线路上有联系而在仪表盘背面或框架上安装又相邻近的仪表划归为一个单元，用虚线将它们框起来，视为一个整体，编上该单元代号，每个单元的内部连线不必绘出。在表示接线关系时，单元与单元之间，单元与接线端子组（或接头组）之间的连接用一条带圆圈的短线互相呼应，在短线上用相对呼应编号法标注对方单元、接线端子组或接头组的编号，圆圈中注明连线的条数（当连线只有一条时，圆圈可省略不画）。这种方法更为简捷，图面更加清晰、整齐，一般适用于仪表及其端子数量很多，连接关系比较复杂场合。在电动控制仪表数量较多的仪表盘背面电气接线图中，可采用这种方法。如图 7-4 所示。图中，KXG-114-10/3B、IRV-4132-0023、ICE-5241-3522、ICG-4255 分别为供电箱、两笔记录仪、控制器和脉冲发生器的型号。图中的 TIC-109 和 FIC-102 是串级控制系统中的主、副控制器，TR-109/FR-102 是显示温度和流量的记录仪，它们的信号之间有联系而安装又比较贴近。因此，可以将它们划归为一个单元，并给予一个单元编号为 A1。

按照单元接线法绘制的图纸进行施工时，对施工人员的技术要求较高，不仅要求他们熟悉各类自动化系统的构成，而且还要求他们熟悉各种仪表的后面端子的分布和组成，否则，很容易产生线路接错，影响施工质量，造成返工等现象。因此，在采用单元接线法时，要充分考虑施工安装人员的技术水平。一般情况下，不宜滥用这种方法。

7.2.1.2　仪表电缆、管缆编号方法

控制室与接线箱、接管箱之间电缆、管缆的编号采用接线箱、接管箱编号法。控制室或接线箱、接管箱与现场仪表之间电缆、管缆的编号采用仪表位号编号法。控制室内端子柜与机柜、辅助柜、仪表盘、操作台等之间或机柜、辅助柜、仪表盘、操作台等之间电缆的编号均采用对应呼号编号法。

（1）接线箱、接管箱编号法　单根电缆、管缆的编号由接线箱、接管箱的编号与电缆、管缆文字代号组成。对于多根电缆、管缆的编号，是由单根电缆、管缆编号的尾部再加顺序号所组成。例如，控制室与编号 JBS1234 标准信号接线箱之间连接的标准信号电缆的编号为 JBS1234SC。若连接两根电缆时，其编号分别为 JBS1234SC-1 和 JBS1234SC-2。控制室与编号 CB5678 接管箱之间连接的气动信号管缆的编号为 CB5678TB。若连接三根管缆时，其编号分别为 CB5678TB-1、CB5678TB-2 和 CB5678TB-3。

（2）仪表位号编号法　控制室或接线箱、接管箱与现场仪表之间电缆、管缆的编号由现场仪表与电缆、管缆文字代号组成。例如，现场仪表位号是 FT-2001、PV-3006，控制室或接线箱与变送器、控制阀之间的信号电缆的编号为 FT2001SC、PV3006SC。如果是本安电缆，则编号为 FT2001SiC、PV30065SiC。现场仪表位号是 TE-4321，控制室或接线箱与测温元件之间的热电阻信号电缆的编号为 TE4321RC。如果是热电偶补偿电缆，则编号为 TE4321TC。现场仪表位号是 PT-7654，控制室或接管箱与变送器之间的气动信号管缆的编号为 PT7654TB。

（3）对应呼号编号法　端子柜、机柜、辅助柜、仪表盘、操作台等之间电缆的编号由柜（盘、台）的编号与连接电缆的顺序号组成。例如，编号 TC05 端子柜与编号 DC06 机柜之间连接的三根电缆编号分别为 TC05-DC06-1、TC05-DC06-2 和 TC05-DC06-3。编号 AC01 辅助柜与编号 CD02 操作台之间连接的两根电缆编号分别为 AC01-CD02-1 和 AC01-CD02-2。

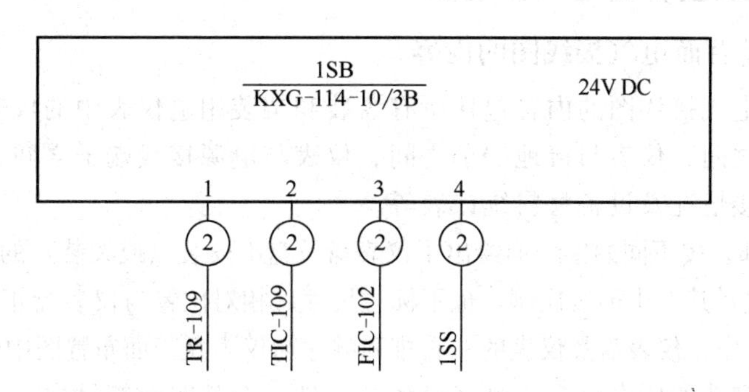
1SB
KXG-114-10/3B
24V DC
1
2
3
4
2
2
2
2
TR-109
TIC-109
FIC-102
1SS

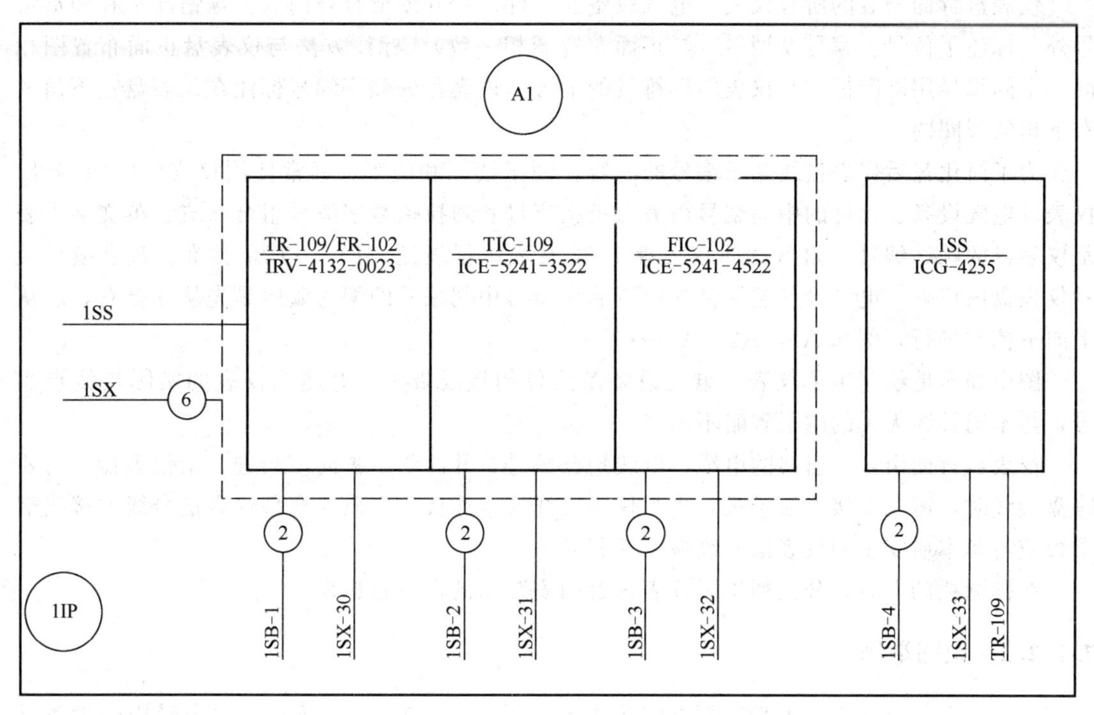
A1
TR-109/FR-102
IRV-4132-0023
TIC-109
ICE-5241-3522
FIC-102
ICE-5241-4522
1SS
ICG-4255
1SS
1SX
6
2
2
2
2
1IP
1SB-1
1SX-30
1SB-2
1SX-31
1SB-3
1SX-32
1SB-4
1SX-33
TR-109

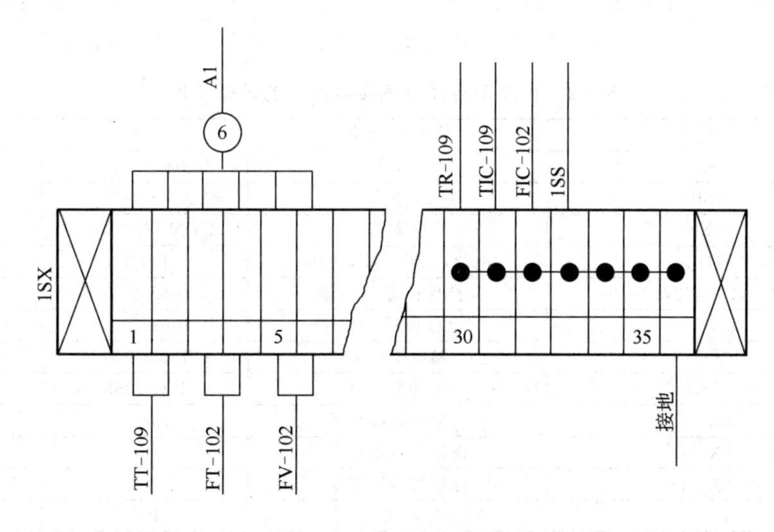
A1
6
TR-109
TIC-109
FIC-102
1SS
1SX
1
5
30
35
TT-109
FT-102
FV-102
接地

图 7-4　单元接线法

7.2.2 识读仪表盘背面电气接线图

7.2.2.1 仪表盘背面电气接线图的内容

仪表盘背面电气接线图的内容包括所有盘装和架装用电仪表中的仪表与仪表之间、仪表与信号接线端子之间、仪表与接地端子之间、仪表与电源接线端子之间、仪表与其他电气设备之间的电气连接情况及设备材料统计表等。

在图纸的中部，按不同的接线面绘出了仪表盘及盘上安装（或架装）的全部仪表、电气设备和元件等的轮廓线，其大小不按比例，也不标注尺寸，相对位置与仪表盘正面布置图相符。即在仪表盘背面接线图中，仪表盘及仪表的左右排列顺序与仪表盘正面布置图中的顺序是一致的。

仪表盘背面安装的所有仪表、电气设备及元件，在其图形符号内（特殊情况下在图形符号外）标注了位号、编号及型号（与正面布置图相一致），标注方法与仪表盘正面布置图相同。中间编号用圆圈标注在仪表图形符号的上方。仪表盘的顺序编号标注在仪表盘左下角或右下角的圆圈内。

为了简化盘后仪表接线端子编号的内容，便于读图和施工，通常使用仪表的中间编号。仪表及电气设备、元件的中间编号由大写英文字母和阿拉伯数字编号组合而成。英文字母表示仪表盘的顺序编号，如 A 表示仪表盘 1IP，B 表示仪表盘 2IP……其余类推。数字编号表示仪表盘内仪表、电气设备及元件的位置顺序号。中间编号的编写顺序是先从左至右，后从上向下依次进行，例如 A1，A2，A3……

图中如实地绘制出了仪表、电气设备及元件的接线端子，并注明仪表的实际接线点编号，与本图接线无关的端子省略不画。

仪表盘背面引入、引出的电缆、电线均已编号，并注明了去向。当进、出仪表盘及需要跨盘接线时，需先下接线端子板，再与仪表接线端子连接。本质安全型仪表信号线的接线端子板应与非本质安全型仪表信号线端子板分开。

在标题栏的上方，分盘列出了仪表盘背面安装用的设备材料表。

7.2.2.2 识图举例

某工厂自控设计中仪表盘背面电气接线图如图 7-5（a）～（f）所示。图中采用的设备材料的型号和规格见表 7-2。盘后框架上安装的接线端子板等，若按接线面表示时，不易表达

表 7-2 仪表盘背面电气接线图中的设备和材料

序号	位号或符号	名称及规格	型号	数量	备注
1	1SB①	供电箱	KXG-110-10/3	1	
2	11SB①	供电箱	KXG-120-25/3	1	
3	1EB	电源箱	UDN-5223-0040	1	
4	1DL	电铃，220V AC，50Hz	DDJ1	1	
5	FN-101，FN-102，FN-106	安全保持器，双回路	ISB-5262-5006	3	
6	LN-103	安全保持器，单回路	ISB-5262-1006	1	
7	TT-109	温度变送器	ITE-5251-3106	1	
8	1SS	脉冲发生器	ICG-4255	1	
9	1SX，1IX	一般型接线端子	D-1	50	
10	1SX，1IX	连接型接线端子	D-2	30	
11	1SX，1IX	标记型接线端子	D-9	6	
12		铜芯塑料线，1×1.0	BV	250m	

① 1SB 和 11SB 供电箱均安装于 1IP 仪表盘后框架上部。

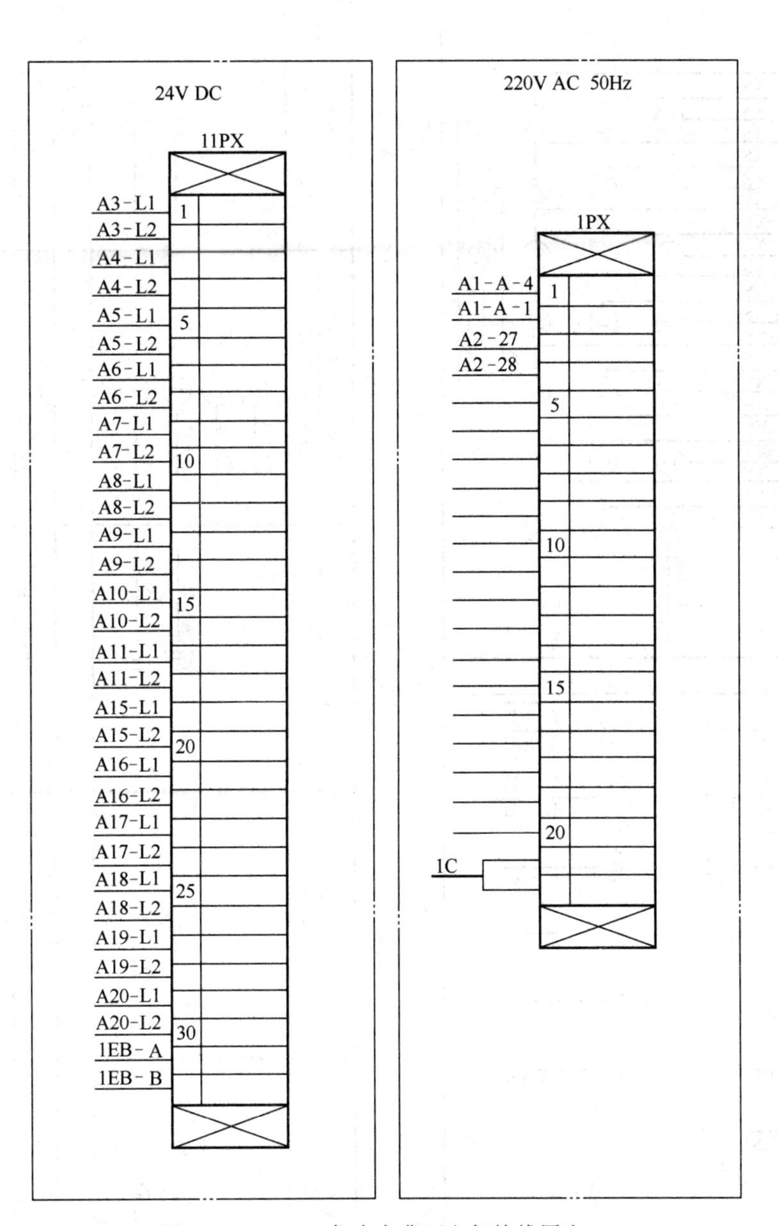

图 7-5（a） 1IP 仪表盘背面电气接线图之一

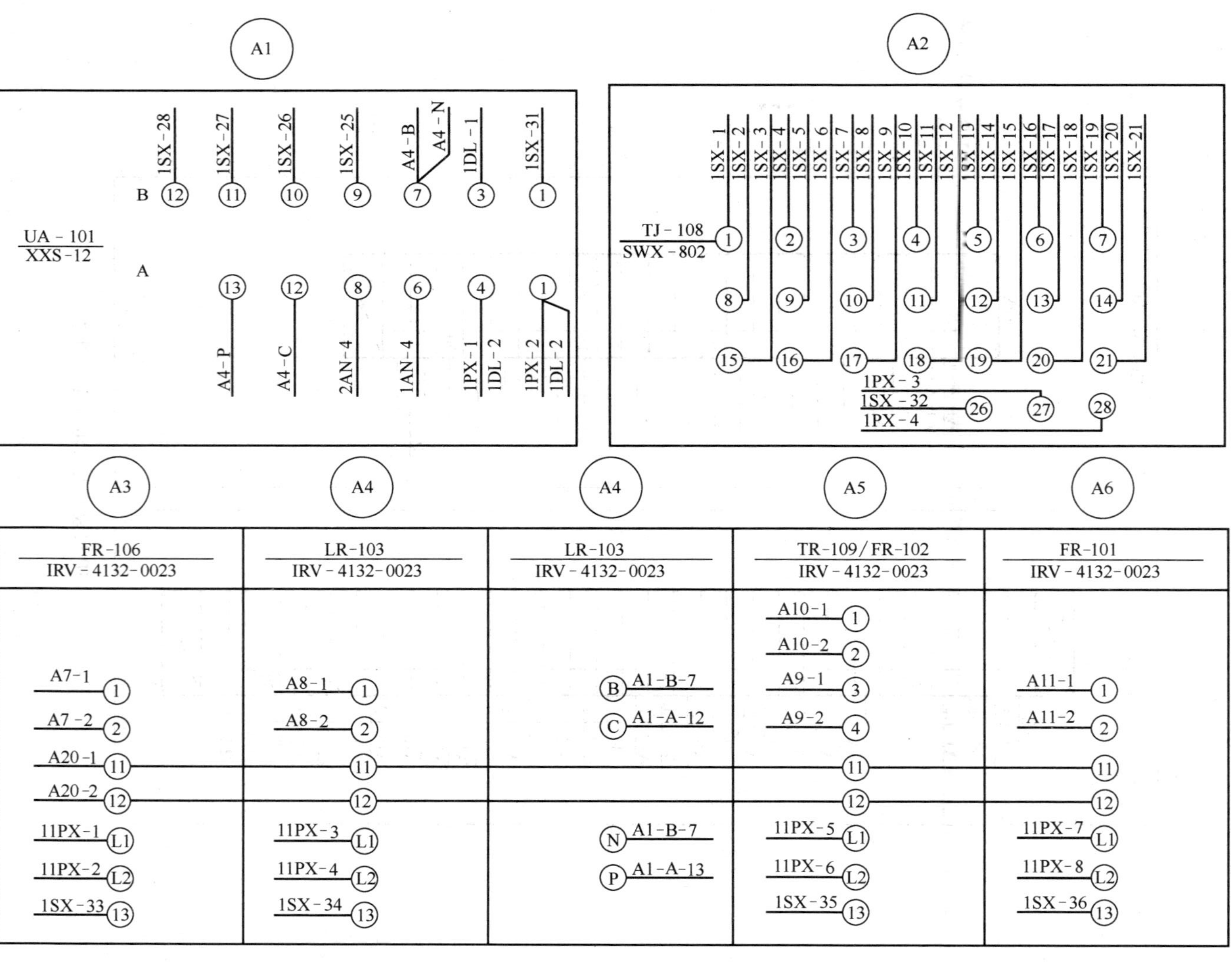

图 7-5（b） 1IP 仪表盘背面电气接线图之二

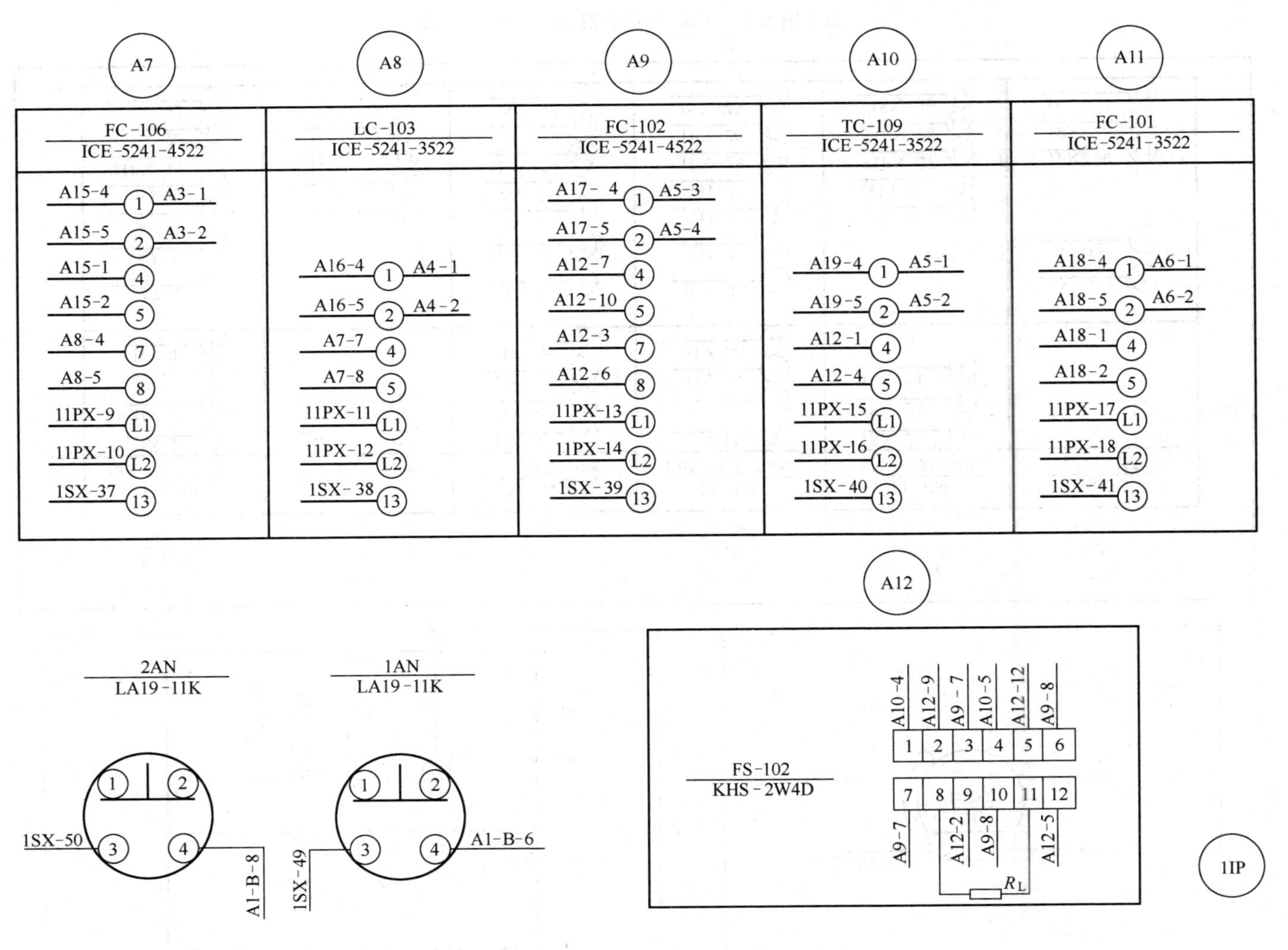

图 7-5（c） 1IP 仪表盘背面电气接线图之三

1EB 电源箱安装于1IP盘后框架上部

1EB
UDN-5223-0040

11PX-31 A
11PX-32 B
2C L1 L2
1SX-48 L3

1DL 电铃安装于1IP右侧框架上部

A1-B-3 1
A1-A-1 2
1DL
DDJ1

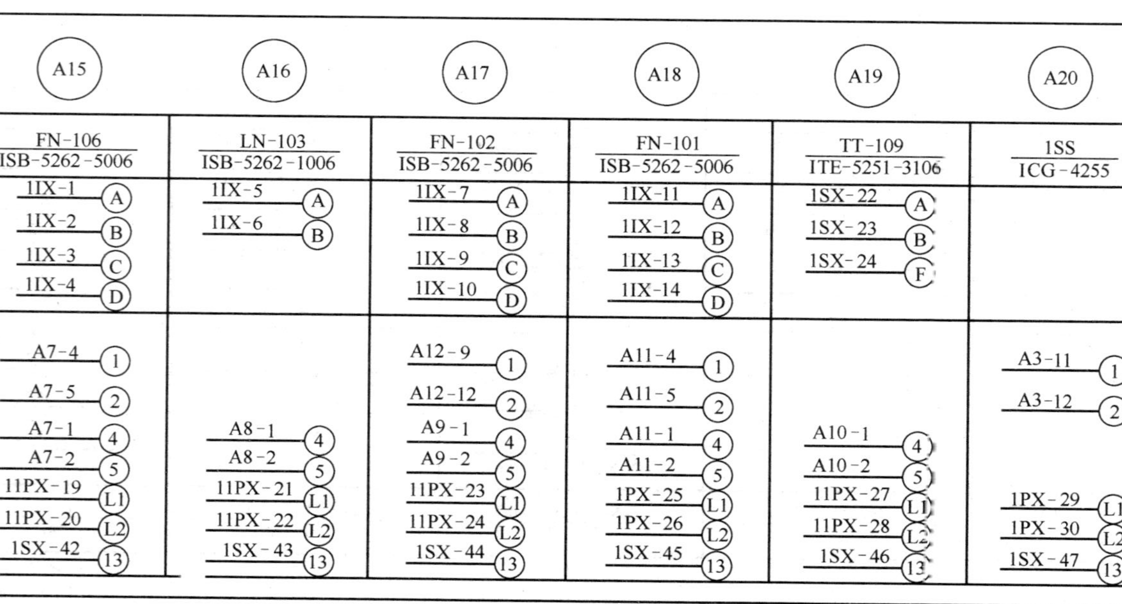

图 7-5（d） 1IP 仪表盘背面电气接线图之四

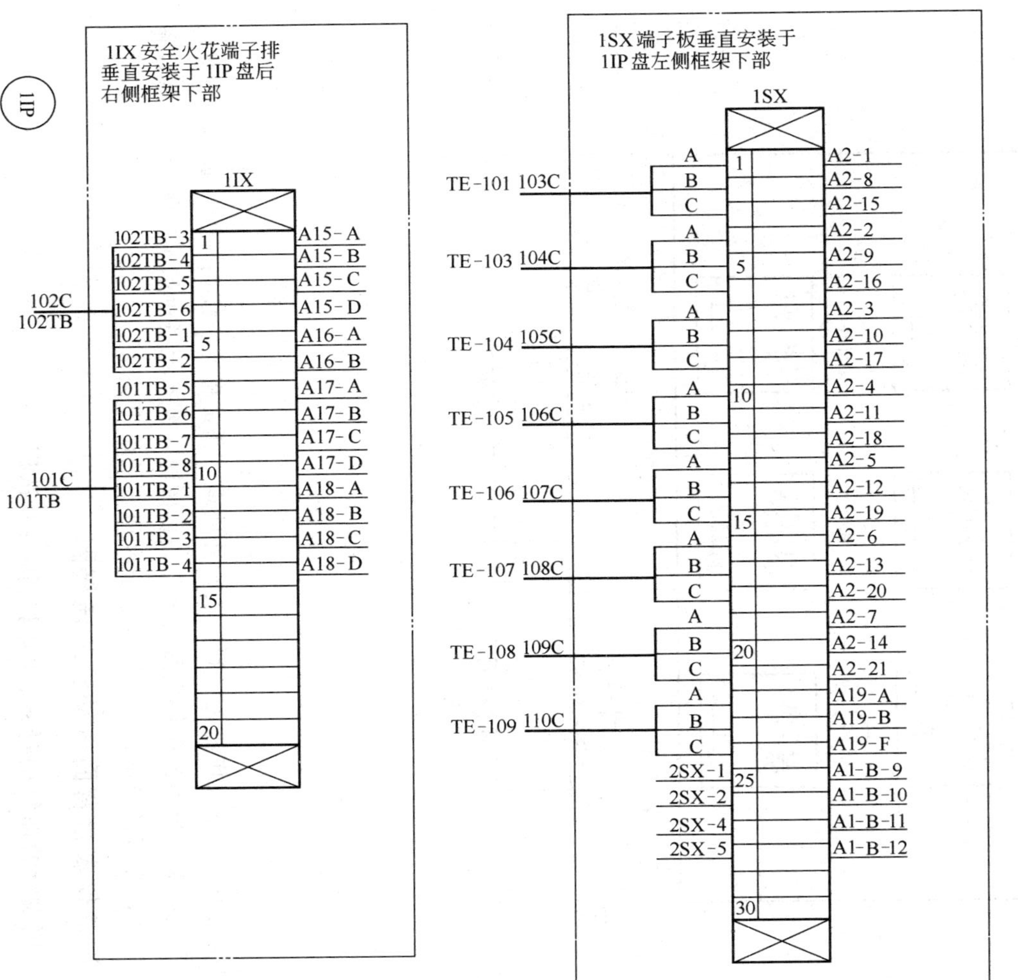

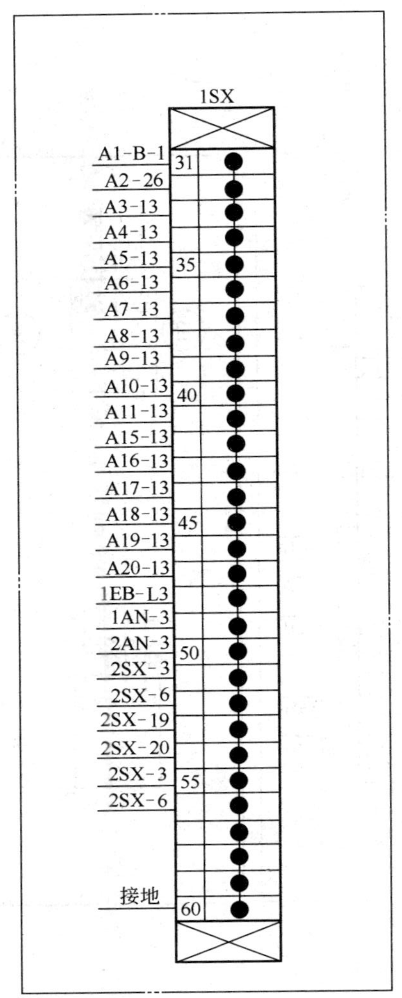

图 7-5（e） 1IP仪表盘背面电气接线图之五

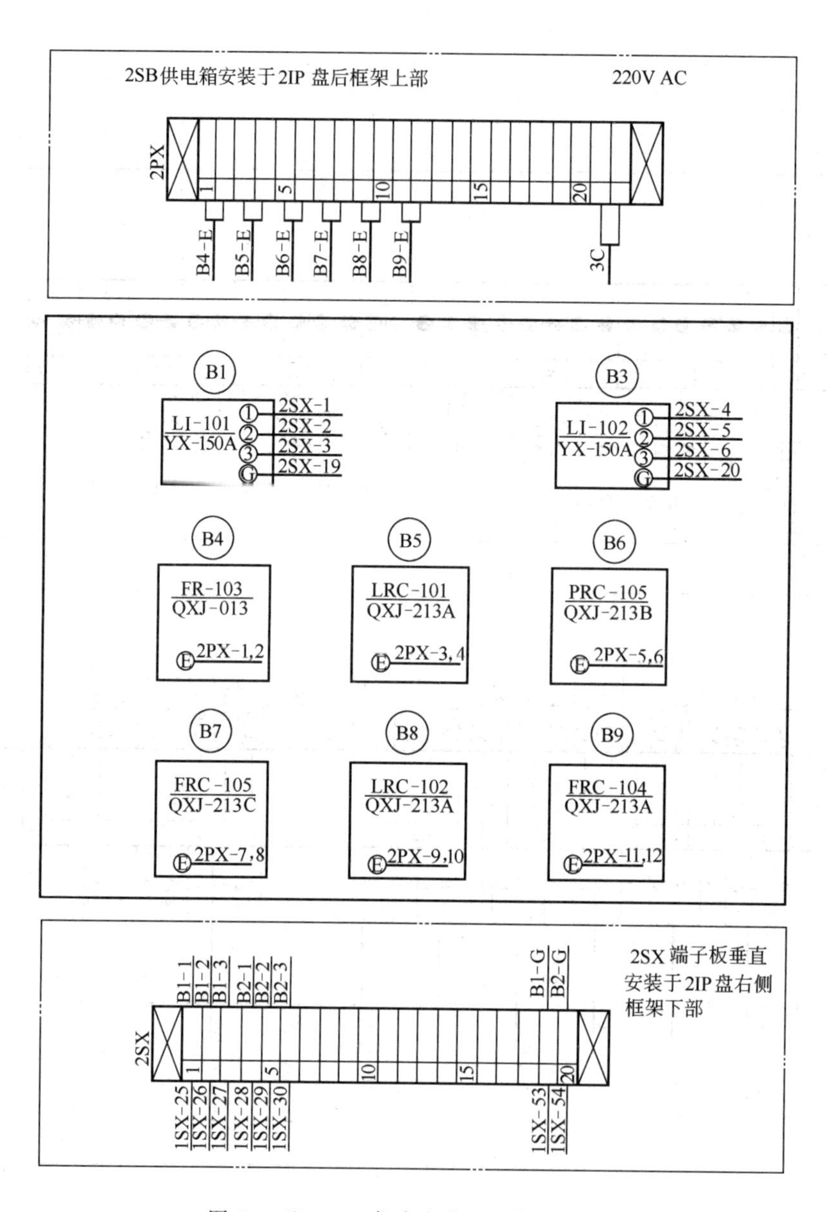

图 7-5（f） 2IP 仪表盘背面电气接线图

注：1. 盘后配线采用汇线槽。

2. 图中 E 端子表示 220V AC，50Hz 电源插座。

端子间的连接关系，一般作法是移到仪表盘外处理。通常将电源接线端子板画在仪表盘的上方，而信号接线端子板等画在仪表盘的下方。读图时，要按照各个端子的编号，寻找设备之间的连接关系，弄清信号出、入的来龙去脉和电源的供求关系。

7.2.3 识读仪表盘背面气动管线连接图

7.2.3.1 仪表盘背面气动管线、阀门及接头的选用

仪表盘背面仪表与仪表之间，仪表与接头、阀门之间连接用的管线通常采用 $\phi6\times1$ 的紫铜管。气源支管通常采用 $\phi22\times3$ 的黄铜管。从控制室盘后至现场的管线一般通过穿板过渡接头连接，接头规格为 $\phi6\times\phi6$。气源供气阀门一般选用 $\phi6\times\phi6$ 的气动管路截止阀。

7.2.3.2 仪表盘背面气动管线连接图的绘制要求

仪表盘背面气动管线连接图的内容包括所有盘装和架装气动仪表中仪表与仪表之间、仪表与各接头之间、仪表与气源截止阀之间的管线连接情况，安装用的管件、阀门、管线等设备、材料的统计表等。

在图纸的中心部位绘出了仪表盘、仪表盘背面及框架上安装的全部气动仪表、设备。一般不按比例，不标注尺寸，但相对位置与仪表盘正面图相符（与本图接管无关的仪表及设备省略不画）。盘背面所有的气动仪表及设备通常在图形符号内标注位号和型号，标注方法与正面布置图相同，标注内容与正面布置图是相符合的，特殊情况下标注在图形外部。中间编号标注在位于仪表图形符号上方的圆圈内，编号方法与仪表盘背面电气接线图相同。仪表盘的编号标注在盘轮廓线内的左下方或右下方的圆圈内。

图中如实地绘出盘背面气动仪表的接头，并注明了各个气接头的字母代号。在图纸的上方绘制出了穿板接头，并标注出穿板接头的字母代号及各个接头的编号。在仪表盘下方绘制出了气源供气管路、气源支管及供气阀门，并对各个供气阀进行编号标注。

气动仪表之间如需跨盘连接，一般先上穿板接头，再跨盘连接。

在标题栏上方分盘列出盘背面安装用设备材料统计表。

7.2.3.3 识图举例

某工厂自控工程设计中，仪表盘背面气动管线连接情况如图 7-6 所示，图中采用的设备材料的型号和规格见表 7-3。读图方法与仪表盘背面电气接线图相同。

表 7-3 仪表盘背面气动管线连接图中的设备和材料

序号	位号或符号	名称及规格	型号	数量	备注
		2IP			
1	2V-1～2V-6	气动管路截止阀,PN1,DN5	JE・QY1	6	
2		镀锌活接头,1/2in①		1	
3	2BA	直通穿板过渡接头,M16×1.5,DN4	YC5-1	12	
4		三通中间接头,M10×1,DN4	YC5-5	3	
5		黄铜管,$\phi22\times3$		0.7m	
6		紫铜管,$\phi6\times1$		40m	
7	LI-101,LI-102	电接点压力表,0～0.1MPa	YX-150A	2	

① 1in=0.0254m,下同。

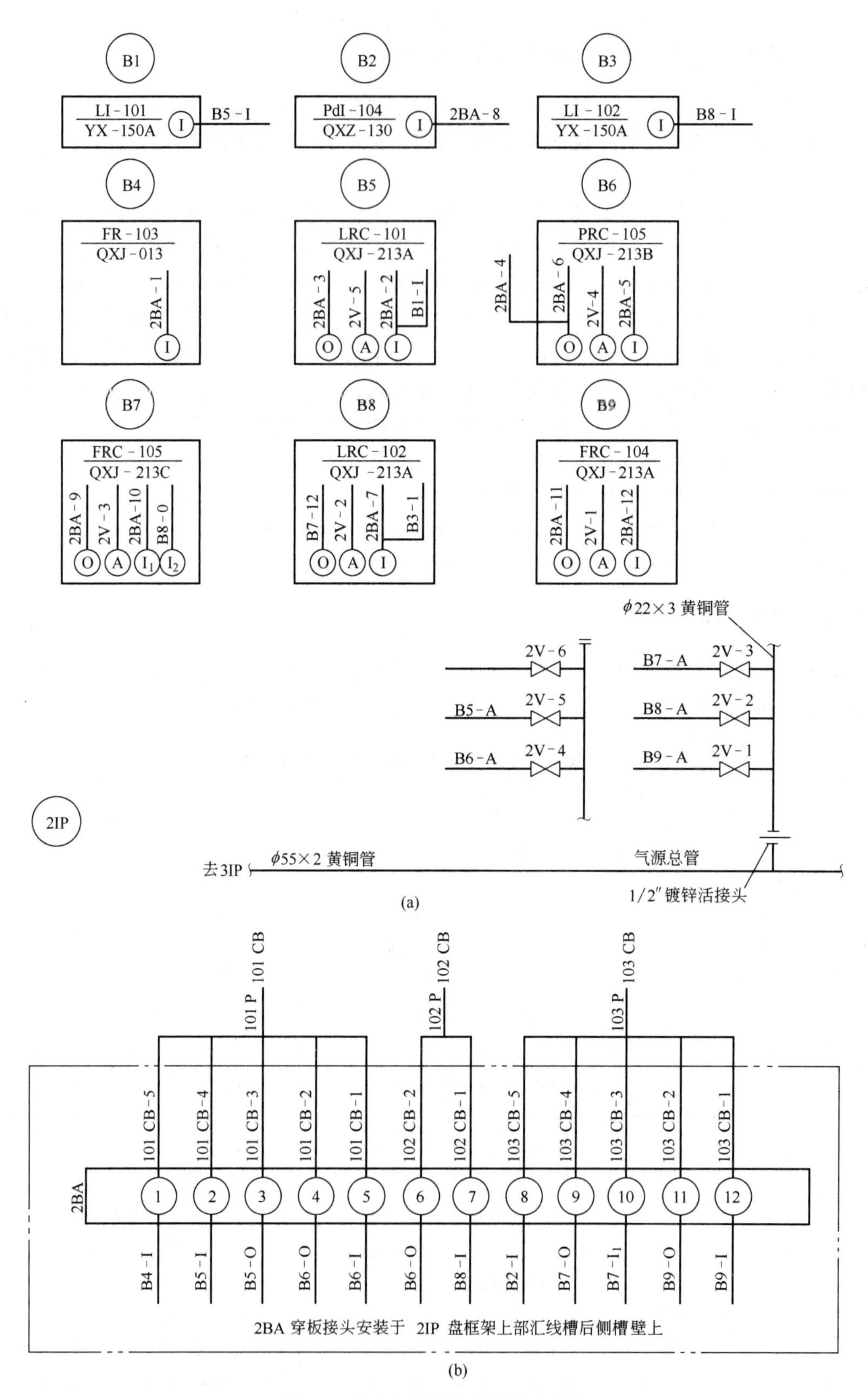

图 7-6 仪表盘背面气动管线连接图

8 识读仪表供电及供气系统图

8.1 仪表供电系统图

仪表及自动化装置的供电包括模拟仪表系统、DCS、PLC和监控计算机等系统、自动分析仪表、安全联锁系统（Safety Interlock System，简称SIS）、工业电视系统。仪表辅助设施的供电包括仪表盘（柜）内照明、仪表及测量管线电伴热系统以及其他自动化监控系统。

8.1.1 仪表供电相关规定

《中华人民共和国行业标准·仪表供电设计规定》（HG/T 20509—2000）中提出了有关设计规定，现就主要内容作简要介绍。

8.1.1.1 仪表电源质量与容量

（1）电源质量　普通电源，其交流电源电压为220V±10%，频率为50Hz，波形失真率应小于10%。直流电源（由直流电源箱或直流稳压电源提供）电压为（24±1)V，纹波电压应小于5%，交流分量（有效值）应小于100mV，电源瞬断时间应小于用电设备的允许电源瞬断时间，电压瞬间跌落应小于20%。

不间断电源，其交流电源电压为220V±5%，频率为（50±0.5)Hz，波形失真率应小于5%。直流电源电压为（24±0.3)V，纹波电压应小于0.2%，交流分量（有效值）应小于40mV，允许电源瞬断时间为43ms，电压瞬间跌落应小于10%。

（2）电源容量　仪表电源容量应按仪表耗电量总和的1.2～1.5倍计算。用于DCS、PLC、SIS等系统的不间断电源容量可按各系统用电量总和的1.2～1.25倍计算，如果考虑备用，则按1.5倍计算。

（3）普通电源供电系统　按用电仪表的电源类型和电压等级，普通电源供电系统可按需要采取三级或二级供电。在三级供电系统中设置总供电箱、分供电箱、仪表开关板；在二级供电系统中设置总供电箱、分供电箱。

在设置保护电器时，总供电箱应设置输入总断路器和输出分断路器。供电箱输入端应设置总开关，不设熔断器，输出端应设置输出开关及熔断器，直流电只对正极设熔断器。仪表开关板不设输入总开关、熔断器，对交流电输出端分别设双刀开关，并对相线加熔断器。对直流电输出端正极设单刀开关、熔断器，但当负极浮空时，输出端应采用双刀开关。

保护电器的设置，应符合下列规定：总供电箱设输入总断路器和输出分断路器；分供电箱设输出断路器，输入端不设保护电器。分供电箱宜留有至少20%的备用回路。

8.1.1.2 电源装置的选用

（1）交流不间断电源装置（UPS）　10kV·A以上的大容量UPS，一般应单独设电源间；10kV·A及10kV·A以下的小容量UPS，可安装在控制室机柜间内。UPS的输入电压为三相380V±15%或单相220V±15%，输入频率为（50±2.5）Hz。输出参数应符合交流不间断电源质量指标的规定。过载能力不小于150%（在5s之内）。20kV·A以下的供电一般采用单相输出。

后备电池供电时间（即不间断供电时间）一般为15～30min。充电性能应达到2h充电至额定容量的80%。一般采用密封免维护铅酸电池，也可采用镉镍电池。

UPS应具有故障报警及保护功能、变压稳压环节和维护旁路功能。维护旁路应自变压稳压环节后引出，或维护旁路单独设稳压变压器。维护旁路应具有与内部主电路同步的功能，与内部主电路的切换时间应不大于允许电源瞬断时间。UPS的平均无故障工作时间（MTBF）不应小于55000h（带自动旁路时不小于150000h）。

（2）直流稳压电源及直流不间断电源装置　直流稳压电源及直流不间断电源装置的输入电压为三相380V±15%或单相220V±15%。输入频率为（50±2.5）Hz。输出参数应符合直流稳压电源及直流不间断电源质量指标的规定。采用并联运行的直流稳压电源可采用n∶1的冗余方式。其容量可采用并联叠加方式配置容量，总容量应大于或等于仪表系统直流电源的计算容量。

直流UPS应能满足直流稳压电源的全部性能指标并具有状态监测和自诊断功能。后备电池的性能要求与交流UPS的后备电池相同。

8.1.1.3　供电器材的选择

（1）电器选择的一般原则　电器的额定电压和额定频率，应符合所在网络的额定电压和额定频率。电器的额定电流应大于所在回路的最大连续负荷计算电流。保护电器应满足电路保护特性要求。断开短路电流的电器应具有短路时良好的分断能力。外壳防护等级应满足环境条件的要求。

（2）熔断器、断路器的选择　供电线路中各类开关容量可按正常工作电流的2～2.5倍选用。正常工作情况下熔断器及脱扣器的额定电压应大于或等于线路的额定电压。熔体的额定电流及脱扣器整定电流，应接近但不小于负荷的额定工作（计算）的电流总和，且应小于线路的允许载流量。熔断器额定电流应小于该回路上电源开关的额定电流。熔断器熔体的额定电流及断路器过电流脱扣器的整定电流应同时满足正常工作电流和启动尖峰电流两个条件的要求。多级配电系统中，干线上熔体的额定电流应大于支线熔体的额定电流至少两级；多级配电系统中支线上采用断路器时，干线上的断路器动作延时时间应大于支线上断路器的动作延时时间。

（3）器材的安装　供电箱应安装在环境条件良好的室内。如果必须安装在室外，应尽量避开环境恶劣的场所，并采用适合该场所环境条件的供电箱。供电线路中的电气设备、安装附件，应满足现场的防爆、防护、环境温度及抗干扰的要求。

8.1.1.4　供电系统的配线

（1）线路敷设　电源线的长期允许载流量不应小于线路上游熔断器的额定电流或低压断路器内延时脱扣器整定电流的1.25倍。电源线不应在易受机械损伤、有腐蚀介质排放、潮湿或热物体绝热层处敷设，当无法避免时应采取保护措施。交流电源线应与其他信号导线分开敷设，当无法分开时应采取金属隔离或屏蔽措施。直流电源线的总干线和分干线应与仪表信号导线屏蔽隔离。控制室内的电源线配线应选用聚氯乙烯绝缘铜芯线。交流电源线一般采用三芯绝缘线，分别为相线、零线和地线（仪表盘内仪表配线除外）。

(2) 线路压降　配电线路上的电压降不应影响用电设备所需的供电电压。在交流电源线上，电气供电点至仪表总供电箱或 UPS 的电压降应小于 2.0V；UPS 电源间应紧靠控制室，从 UPS 至仪表总供电箱的电压降应小于 2.0V；控制室内从仪表总供电箱至仪表设备电压降应小于 2.0V；从仪表总供电箱至控制室外仪表设备电压降应小于 2.0V。在控制室内直流电源（24V）线上，直流电源设备至供电箱电压降应小于 0.24V；供电箱（从总供电箱算起）至仪表设备的电压降应小于 0.24V。

(3) 电源线截面积　从总供电箱至分供电箱的电源线截面积不小于 $2.5mm^2$，从分供电箱至盘上仪表的电源线截面积不小于 $1.0mm^2$，控制室供电箱至现场仪表的电源线截面积不小于 $1.5mm^2$。当供电箱至现场仪表的距离较远时，为使线路压降在允许的范围内，要通过计算来确定电源线截面积。从供电箱至 DCS 及计算机系统各设备的电源线截面积，应按制造厂提供的耗电量计算选择。特殊仪表（如分析仪等）的电源线截面积，应按制造厂提供的耗电量计算选择。

仪表盘内供电箱接地线截面积不小于 $2.5mm^2$；回路级的仪表开关接地线截面积为 $1.0\sim1.5mm^2$；分供电箱接地线截面积不小于 $6mm^2$；总供电箱及容量小于 100A 的直流稳压电源设备的接地线截面积不小于 $25mm^2$。

8.1.2　仪表供电系统图

8.1.2.1　仪表供电系统图的内容

在仪表供电系统图中，用方框图表示出供电设备（例如不间断电源装置 UPS、电源箱、总供电箱、分供电箱和供电箱等）之间的连接系统，标注出供电设备的位号、型号、输入与输出的电源种类、等级和容量以及输入的电源来源等，如图 8-1 所示。供电系统图中的设备和材料见表 8-1。

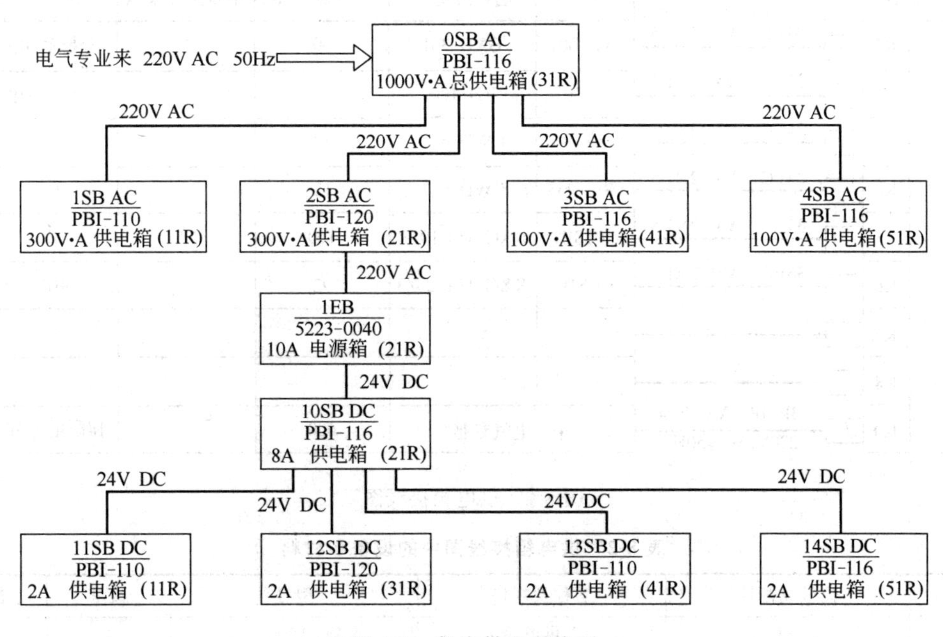

图 8-1　仪表供电系统图

表 8-1　供电系统图中的设备和材料

序号	位号或符号	名　　称	型　　号	数量	备　　注
1	0SB AC	总供电箱	FBI-116	1	
2	1SB AC	供电箱	FBI-110	1	
3	2SB AC	供电箱	FBI-120	1	
4	3SB AC	供电箱	FBI-116	1	
5	4SB AC	供电箱	PBI-116	1	
6	10SB DC	供电箱	PBI-116	1	
7	11SB DC	供电箱	PBI-110	1	
8	12SB DC	供电箱	PBI-120	1	
9	13SB DC	供电箱	PBI-110	1	
10	14SB DC	供电箱	PBI-110	1	
11	1EB	电源箱	5223-0040	1	
12		电力电线 2×15	BVV	600m	
13		电力电线 2×15	VV		

8.1.2.2　供电箱接线图的内容

在供电箱接线图中，表示了出总供电箱、分供电箱和供电箱的内部接线。标注其电源的来源、电压种类、电压等级和容量、各供电箱的位号和型号，各供电回路仪表的位号和型号以及容量等。在分配供电回路时，应留有一定的备用线路，电源总容量也应留有一定富裕量，以备临时供电之用，如图 8-2 所示。供电箱接线图中的设备和材料见表 8-2。

0SB	线路	对象位号	名称或型号	需要容量/W	熔断器容量/A	引　向
K1	31EC　VV 2×1.5	AT-301	GXH-301	60	1	分析室 3IP
K2	32EC　VV 2×1.5	AT-302	RD-100	60	1	分析室 3IP
K3	33EC　VV 2×1.5	FRQ-902	CWD-612	12	1	L
K4	34EC　VV 2×1.5	FRQ-903	CWD-612	12	1	L
K5	35EC　VV 2×1.5	101SB	KXG-114-10/3	160	1.5	1IR
K6	36EC　VV 2×1.5	102SB	KXG-114-25/3	92	1	4IR
K7						
K8						
K0 (N, L)	3P-IP　VV 2×4 220V AC　50Hz	来自电气专业		600		1#配电室 3P

图 8-2　供电箱接线图

表 8-2　供电箱接线图中的设备和材料

序号	位号或符号	名称及规格	型号	数量	备注
1	0SB	总供电箱	KXG-120-25/3	1	

8.2 仪表供气系统图

仪表的供气装置是由空气压缩站和供气管路传输系统两大部分组成的。空气压缩站把来自大气的空气加压、冷却、水汽分离、除尘、除油、干燥和过滤后，送至储气罐中供仪表使用。供气管路传输系统是用来传输压缩空气的配管网络，空气压缩站储气罐中的压缩空气由供气管路传输系统送至用气仪表及部件。

传输压缩空气的管路系统，即供气系统。仪表供气系统的负荷包括指示仪、记录仪、分析仪、信号转换器、气路电磁阀、继动器、变送器、电气阀门定位器、执行器等气动仪表和吹气液位计、吹气法测量用气、正压防爆通风用气、仪表修理车间气动仪表调试检修用气、仪表吹扫用气等。仪表用气源一般采用洁净、干燥的压缩空气。需要时，可采用氮气作为临时性的备用气源。

8.2.1 仪表供气相关规定

《中华人民共和国行业标准·仪表供气设计规定》（HG/T 20510—2000）中提出了有关设计规定，现就主要内容作简要介绍。

8.2.1.1 气源装置容量

气源装置设计容量即产气量，应满足用气仪表负荷的需要。对于工艺管道和设备的吹扫、充压、置换用气为非仪表用气负荷，不应由此供气。

仪表总耗气量大小，决定气源装置的设计容量。仪表总耗气量计算，一般采用汇总方式计算。也可以采用多种简便的方法，估算仪表耗气总量，即：按控制阀数汇总，每台控制阀耗气量为1～2m^3/h；控制室用气动仪表每台耗气量为0.5～1m^3/h；现场每台气动仪表耗气量为1.0m^3/h；正压通风防爆柜每小时换气次数大于6次。

8.2.1.2 现场仪表供气方式

现场仪表供气方式分为单线式、支干式和环形供气三种。

（1）单线式供气方式　单线式供气是直接由气源总管引出管线，经过滤减压器后为单个仪表供气，如图8-3所示。这种供气系统多用于分散负荷，或耗气量较大的负荷。例如，在为大功率执行器供气时，为了不影响相邻负荷的供气压力，应尽可能在气源总管上取气源。

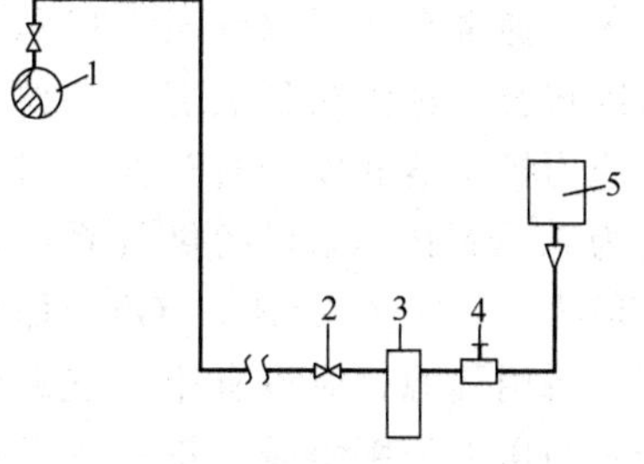

图8-3　单线式供气配管系统图

1—气源总管；2—截止阀；3—过滤器；4—减压阀；5—仪表

（2）支干式供气方式　支干线式供气是由气源总管分出若干条干线，再由每条干线分别引出若干条支线，每条支线经过一只截止阀、过滤器、减压阀后为每台仪表供气。支干式供气配管系统如图8-4所示。这种供气系统多用于集中负荷，或为密度较大的仪表群供气。

（3）环形供气方式　环形供气方式是将供气主管首尾相接构成一个环形闭合回路。当供气管网对多套装置的仪表供气时，根据用气仪表的具体位置，从环形总管的适当位置分出若干条干线，由各条

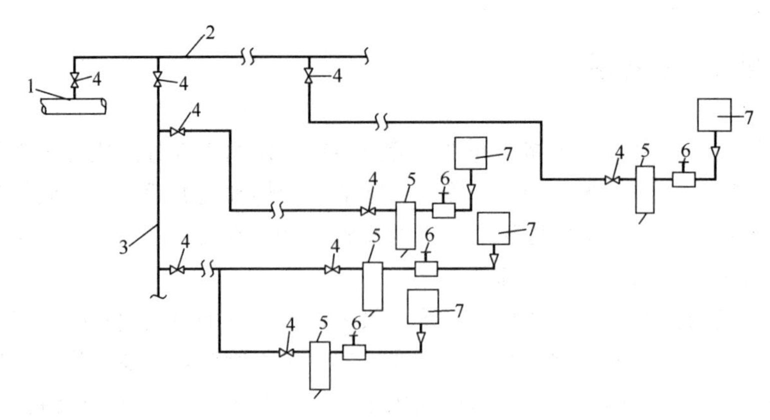

图 8-4　支干式供气配管系统图

1—气源总管；2—干管；3—支管；4—截止阀；5—过滤器；6—减压阀；7—仪表

干线分别向各个用气区域供气。环形供气配管系统如图 8-5 所示。这种供气方式多限于界区外部气源管线的配置。需要时，界区内部也可以采用环形供气方式。

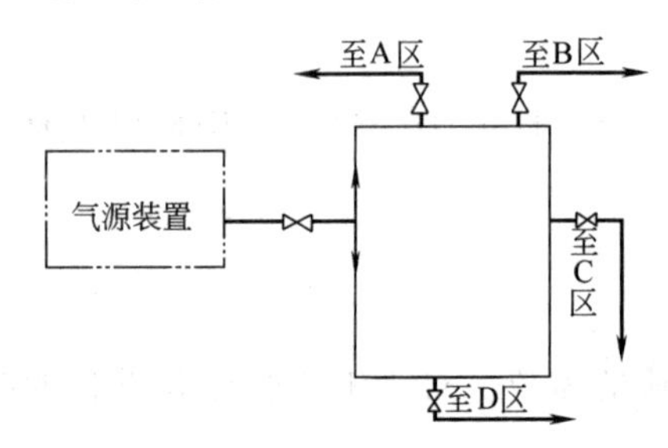

图 8-5　环形供气配管系统图

8.2.1.3　控制室供气

当模拟仪表控制室内使用的气动仪表比较多时，可以采用集合供气的方法。集合供气就是用一套公用的气源过滤、减压装置，将符合仪表压力要求的气源引入一条直径较大的集气管，即气源总管，再由气源总管分别通过各条气源支管为每台仪表供气。如图 8-6 所示。

为了保证供气装置能安全持续地供气，控制室的总气源应并联安装至少两组或两组以上的空气过滤器及减压阀。一路工作，另一路备用。当采用两组时，每组容量均按总容量选取；采用三组时，每组容量均按总容量的 1/2 选取。控制室内应设有供气系统的监视与报警仪表。通常有气源总管压力指示和压力低限报警。过滤减压装置引出侧，应安装压力控制器和安全排放阀。对供气压力为 0.14MPa（G）的供气系统，其起跳值为 0.16～0.2MPa（G）。如果设有第二备用气源，应设有第二气源的压力指示与压力低限报警。第二气源投入运行时，应有声光信号显示。

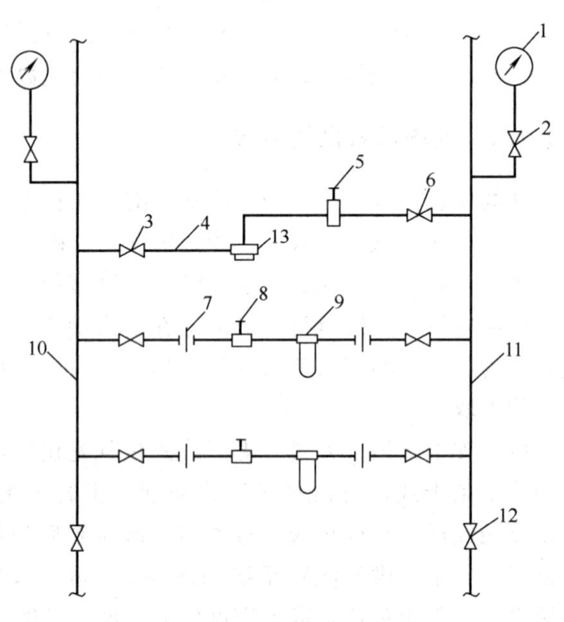

图 8-6　集合型供气配管系统图

1—压力表；2，3—压力表截止阀；4—紫铜管；5—气动定值器；6—气动管路截止阀；7—镀锌活接头；8—大功率减压阀；9—大功率空气过滤器；10—黄铜管；11—镀锌水煤气管；12—截止阀；13—大功率空气安全阀

8.2.2　仪表供气系统图

8.2.2.1　仪表供气系统图的内容

仪表供气系统图中应表示出仪表供

气干管或空气分配器至各用气仪表之间各种供气管线的规格、长度及标高，各种阀门的型号和规格，供气仪表的位号，并绘制出设备材料表。

8.2.2.2 识图举例

某工厂现场仪表供气系统图如图 8-7 所示。图中采用的设备和材料见表 8-3。

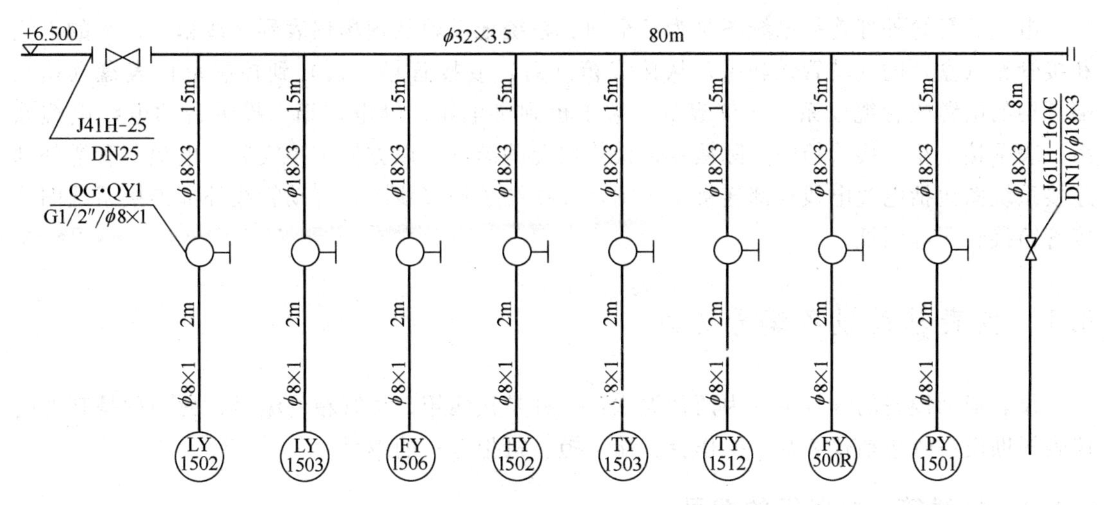

图 8-7　仪表供气系统图

表 8-3　仪表供气系统图中的设备和材料

序号	位号及符号	名称及规格	型号及材料	数量	备注
1		无缝钢管，ϕ18×3	20＃	1725m	
2		无缝钢管，ϕ32×3.5	20＃	160m	
3		无缝钢管，ϕ45×3.5	20＃	130m	
4		不锈钢管，ϕ8×1	0Cr18Ni9	228m	
5		气源球阀，PN2.5，G1/2″/ϕ8×1	QG·QY1 0Cr18Ni9	114 个	
6		焊接式截止阀，PN16，DN10/ϕ18×3	J61H-160C	3 个	
7		法兰式截止阀，PN2.5，DN25(法兰 SO25-2.5，RF 20)	J41H-25	2 个	
8		法兰式截止阀，PN2.5，DN40(法兰 SO40-2.5，RF 20)	J41H-25	1 个	
9	HG 20592—97	法兰，SO25-2.5，RF 20	20＃	6 片	
10	HG 20592—97	法兰，SO40-2.5，RF 20	20＃	3 片	
11	HG 20592—97	法兰盖，BL25-2.5，RF 20	20＃	2 片	
12	HG 20592—97	法兰盖，BL40-2.5，RF 20	20＃	1 片	
13	HG 20613—97	双头螺栓，M16×90	35CrMoA	36 个	
14	HG 20613—97	六角螺母，M16	30CrMo	72 个	
15	HG 20629—97	垫片，RF25-2.5，XB350	石棉橡胶板	6 个	
16	HG 20606—97	垫片，RF40-2.5，XB350	石棉橡胶板	3 个	
17		直通终端接头	YZG1-1-NPT1/4-ϕ8 0Cr18Ni9	39 个	
18		直通终端接头	YZG5-1-G1/2-ϕ18 20＃	39 个	

9 识读电缆管缆外部连接系统图

电缆、管缆外部连接系统图是为了全面、系统地反映从现场仪表到接线箱（盒）的电线和接管箱（盒）的气动管线联系，从接线箱（盒）或接管箱（盒）到控制室仪表盘（箱）、端子柜的电缆或管缆联系，从仪表盘、端子柜到供电箱、继电器箱、操纵台的电线电缆联系，表示接线箱、接管箱的实际接线、接管情况的图纸，以方便施工安装。电缆、管缆外部连接系统图包括电缆电线外部连接系统图，接线端子箱接线图，气动管线外部连接系统图及接管箱接管图等图纸。

9.1 仪表辅助设备编号方法

仪表辅助设备的编号可分为两种类型：一种是接线箱、接管箱的编号；另一种是其他的仪表辅助设备（包括仪表盘、操作台、端子柜、机柜等）的编号。

9.1.1 接线箱、接管箱的编号

接线箱、接管箱的编号由接线箱、接管箱的文字代号与四位数字组成。四位数字的前两位是装置号或主项号，后两位（根据工程项目的需要，可以采用一位数字）是顺序号。例如，装置号或主项号是 20，第 3 号标准信号接线箱的编号为 JBS2003。如果是接管箱，则编号为 CB2003。

9.1.2 其他仪表辅助设备的编号

其他仪表辅助设备的编号由四位数字与仪表辅助设备的文字代号组成。四位数字的前两位是装置号或主项号，后两位（根据工程项目的需要，可以采用一位数字）是顺序号。例如，装置号或主项号是 60，第 2 块仪表盘的编号为 6002IP，第 3 块仪表盘的编号为 6003IP。

9.2 电缆电线外部连接系统图

电缆电线外部连接系统图用来反映控制室内仪表、电气设备与场仪表、电气设备之间电缆电线的实际连接情况。

9.2.1 电缆电线外部连接系统图的内容

电缆电线外部连接系统图中的内容包括电缆电线连接的仪表盘、供电箱、接线端子柜、操纵台、继电器箱、模拟盘等设备和它们的编号；连接这些仪表盘及电气设备的电缆电线的编号、型号、规格及长度，导线管的规格及长度等。

某工厂自控工程设计中电缆电线外部连接系统图如图 9-1 所示。现场仪表的图例符号及标注方法与管道仪表流程图相同。控制室内仪表盘、电气设备与现场的仪表、电气设备用双

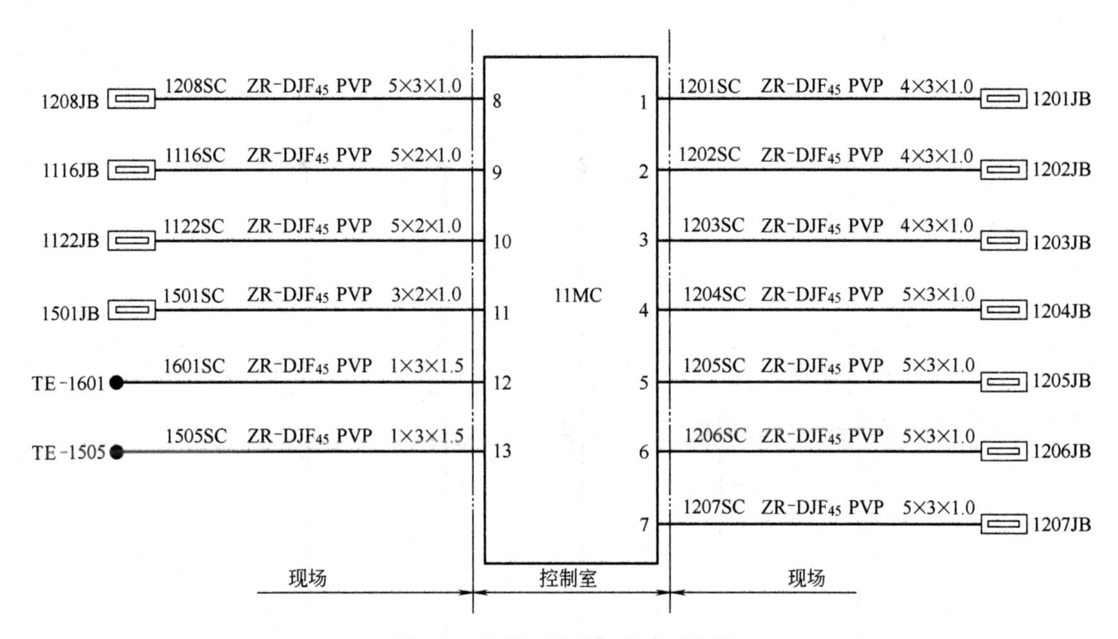

图 9-1 电缆电线外部连接系统图

点划线分开。图中的设备和材料见表 9-1。读图时，重点了解控制室仪表盘及电气设备至现场的仪表、电气设备之间的连接关系和电缆电线的编号、型号、规格及长度，导线管的规格及长度等。

表 9-1 电缆电线外部连接系统图中的设备和材料

序号	位号或符号	名称及规格	型号	数量	备注
1	1201JB～1208JB，1116JB，1122JB	隔爆接线箱	BXJ51-20Ⅳ D4(1 1/2)X8(3/4)	10 个	
2	1501JB	隔爆接线箱	BXJ51-20Ⅲ D3(1/2)X3(3/4)	1 个	
3		阻燃型集散型信号电缆(5×2×1.0)	ZR-DJF$_{45}$PVP	1240m	
4		阻燃型集散型信号电缆(1×3×1.5)	ZR-DJF$_{45}$PVP	300m	
5		镀锌钢管(1 1/2in)	Q235B	220m	
6		镀锌钢管(3/4in)	Q335B	553m	
7		角钢(∠40×40×4)	Q235A	138m	

9.2.2 接线端子箱（盒）接线图的内容

在将控制室内仪表及电气设备与现场仪表及电气设备进行连接时，为了便于电缆电线的敷设安装，一般在现场仪表、电气设备较为集中的中心区域设置接线端子箱（盒）。从现场仪表、电气设备和元件到接线端子箱之间用电线连接，从接线端子箱（盒）至控制室接线端子板（柜）之间用电缆连接。

接线端子箱（盒）接线图一般是“一箱（盒）一图”单个地进行绘制的。图中内容包括接线端子箱（盒）（可以不按比例、不标尺寸、不表示相对位置）和与之连接的现场的仪表（如变送器、控制阀等）及电气设备等。

某工厂自控工程设计中接线端子箱接线图如图 9-2 所示。在接线端子箱（盒）上标注了

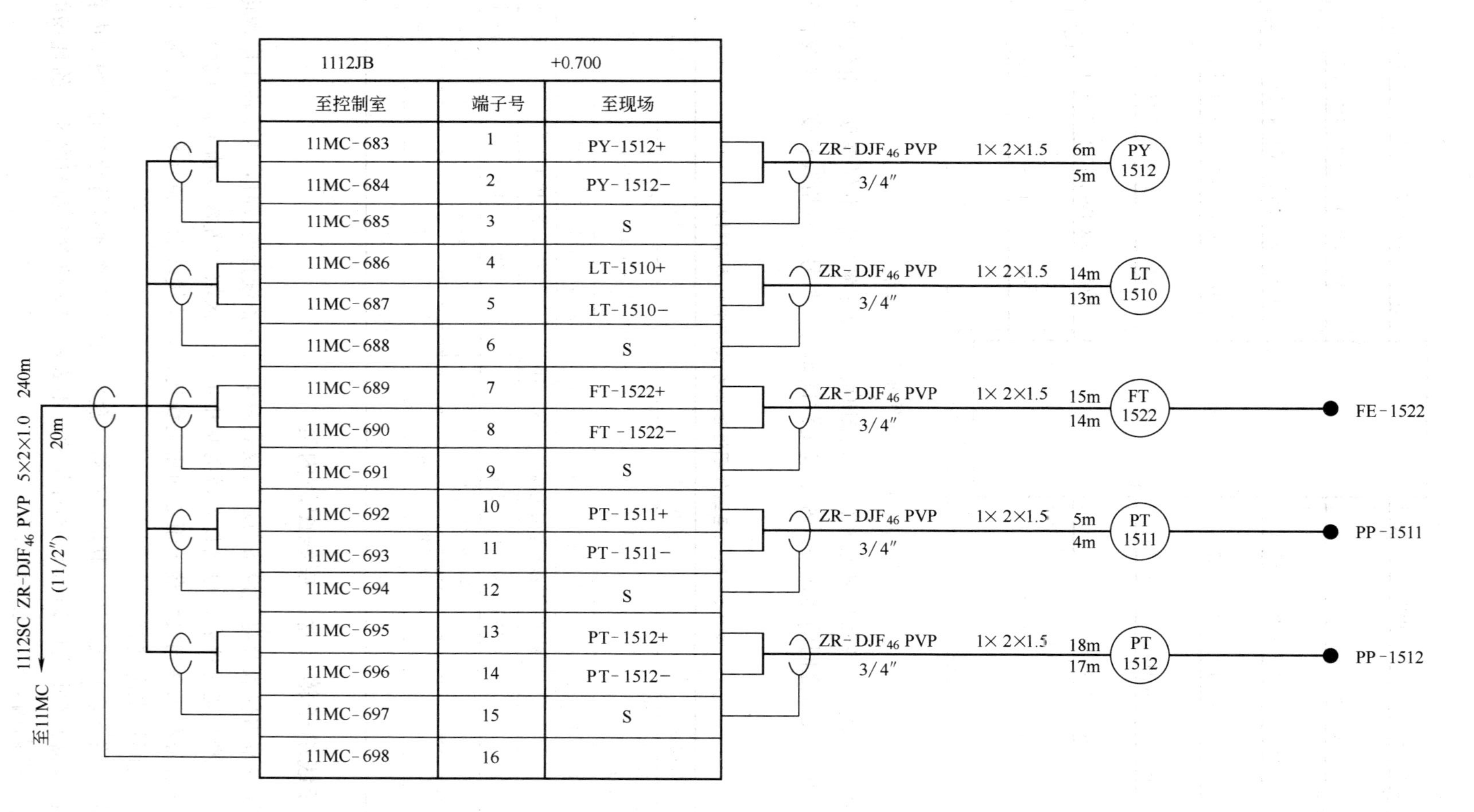

图 9-2 接线端子箱接线图

其编号及型号，标注出了全部接线端子的顺序号。接线端子箱（盒）左侧的电缆与控制室仪表盘（箱）相连接，右侧的电线分别与现场仪表及电气设备相连接。电缆上标注了其所连接的仪表盘的编号和该电缆的编号，电线上标注其型号、规格、长度及导线管的规格、长度等。在与变送器相连接的测量管线上，标注了该测量管线的规格、根数及长度，并在其线端标注了检出元件或测量点的位号。注意，由现场仪表至接线箱（盒）之间的电线不编号。图9-2中的设备见表9-2。

表 9-2　接线端子箱接线图中的设备

序号	位号或符号	名称及规格	型号	数量	备注
1	1112JB	防爆接线箱	BXJ51-20Ⅳ D4(1 1/2)X8(3/4)	1个	

9.3　气动管线外部连接系统图

和电缆电线外部连接系统图一样，气动管线外部连接系统图表示了控制室仪表与现场仪表及自控设备之间气动管线的连接关系。它和仪表盘背面气动管线连接图结合起来，全面而系统地反映了控制室仪表与现场仪表气动管线的实际连接情况。一般地，接管箱与现场仪表之间用单芯管线连接，接管箱与控制室仪表盘之间是用多芯管缆连接。

① 在气动管线外部连接系统图中，按系统绘出有气动管线的仪表盘、接管箱（盒）、变送器、控制阀等，并标注编号。

② 绘出控制室仪表盘与接管箱之间连接的气动信号管缆，并标注管缆的编号、规格、长度。绘出从接管箱到现场仪表所用单芯管线的规格、长度及所连接仪表的图形符号和位号。

③ 在接管箱与控制室仪表盘相连接的管缆上边应标注管缆的编号、规格，下边应标注管缆所连接的仪表盘的编号和管缆的长度。在接管箱与现场仪表连接的管线上，应标注管线的规格和长度。在测量管线上应标注该管线的规格、长度及测量点位号。

④ 接管箱的绘制可不按比例，不注尺寸，不标注实际安装位置。

⑤ 对于从变送器到测量点的测量管线、就地控制系统的管线、就地设置的差压计的测量管线、冲洗管线、吹气管线等，应在本图的适当位置加以表示或说明。

⑥ 图中的气动信号管缆、管线、测量管线等均用粗实线表示。

⑦ 列出设备材料表。

某工厂自控工程设计中气动管线外部连接系统图如图9-3所示，图中所用的设备和材料见表9-3。

表 9-3　气动管线外部连接系统图中的设备和材料

序号	位号或符号	名称及规格	型号	数量	备注
1		尼龙管，7芯，$\phi 6\times 1$		120m	
2		尼龙管，4芯，$\phi 6\times 1$		66m	
3		无缝钢管，$\phi 14\times 1$	JGXL-5T	55m	
4	101CB	接管箱	JGXL-7T	1个	
5	102CB	接管箱		1个	

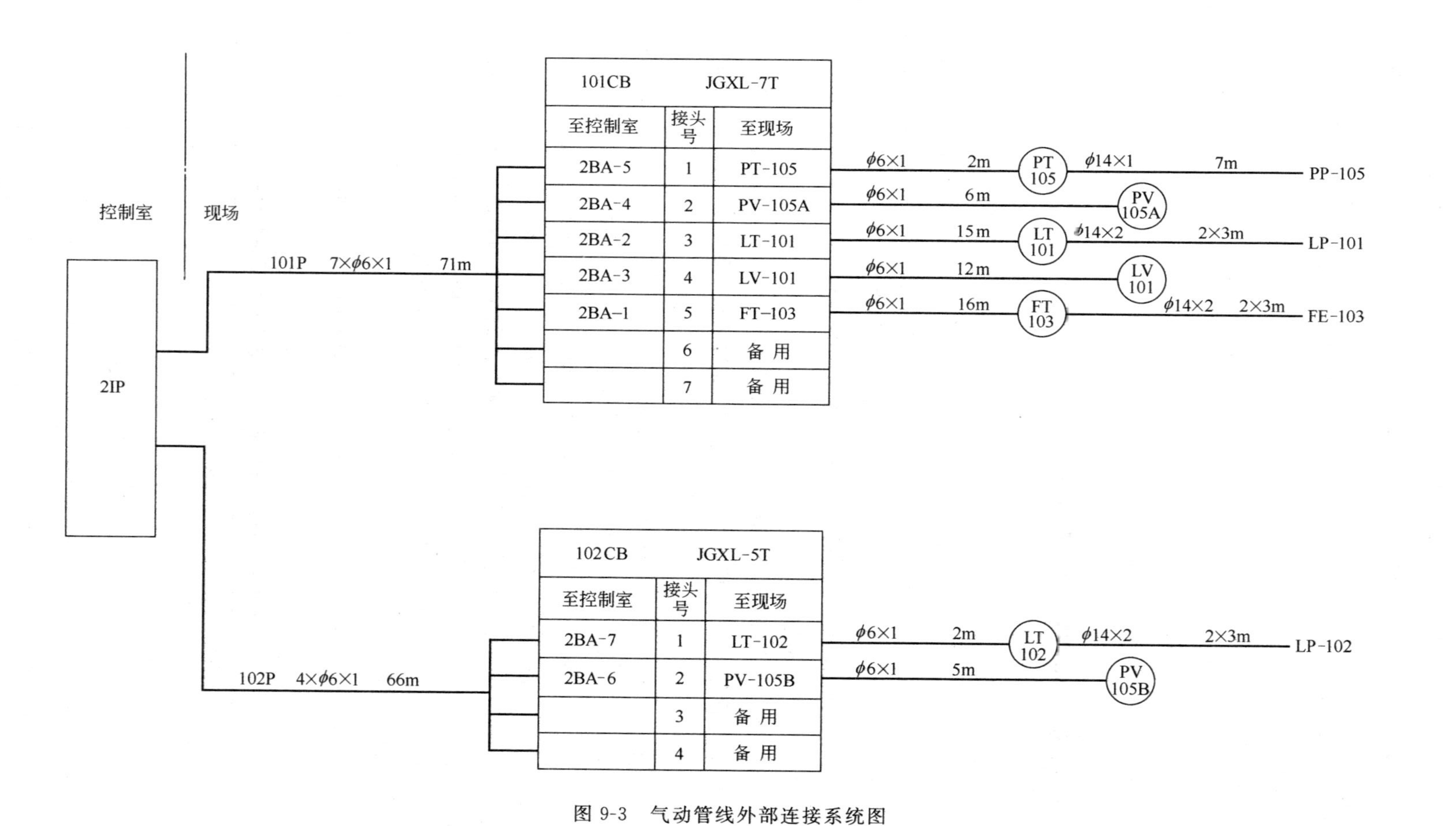

图 9-3 气动管线外部连接系统图

9.4 测量管线、电源及信号传输系统的配管、配线

为了保证仪表测量准确、信号传输可靠、减少滞后、经济、安全、实用，管（线）路整齐美观并便于施工和维修，应根据《中华人民共和国行业标准·仪表配管配线设计规定》(HG/T 20512—2000)，科学、合理地选择电线电缆、管线管缆和测量管线。当配管、配线环境中有火灾及爆炸危险、灰尘、腐蚀、高温、潮湿、振动、静电、雷击及电磁场干扰等时，应采取相应措施。

9.4.1 测量管线的选用

9.4.1.1 测量管线的材质

测量管线（包括阀门和管件）的材质，要按被测介质的物性、温度、压力等级和所处环境条件等因素综合考虑。非腐蚀性介质的测量管线材质，一般选用碳钢或不锈钢。腐蚀性介质的测量管线，应选用与工艺管线或设备相同或高于其防腐性能的材质。

当测量管线不可避免需通过腐蚀性场所时，即使被测介质腐蚀性不强，其材质应根据其中通过的介质和环境防腐蚀的要求进行综合考虑。测量管线、管件和阀门，一般选用同种材质或腐蚀水平相接近的金属材质。分析仪表的取样管线材质，宜选用不锈钢。

9.4.1.2 测量管线的管径

测量管线的管径，可按表 9-4 选用。

表 9-4 测量管线的管径选择

使用场所及公称压力/MPa	外径×壁厚/mm×mm	公称直径×壁厚/in×in
含粉尘的低压系统(PN≤0.25)	ϕ22×3(或钢管)	7/8×0.12
PN≤6.3	ϕ12×1.5、ϕ14×2、ϕ18×3、ϕ22×3	1/2×0.065、5/8×0.095、3/4×0.12
PN≤16	ϕ12×2、ϕ14×3、ϕ18×4、ϕ22×4	1/2×0.083、3/8×0.083
PN≤32	ϕ14×4、ϕ19×5	

注：需要注意介质温度的影响。

分析仪表的取样管线管径，一般选用 ϕ6×1、ϕ8×1、ϕ10×1，其快速回路的返回管线及排放管线管径可适当放大，并且还应符合制造厂的要求。

9.4.2 气动信号管线的选用

气动信号管线的材质及形式可按表 9-5 选用。

表 9-5 气动信号管线的材质及形式选择

材质和形式	仪表盘后配管	控制室	一般场所	腐蚀性场所
紫铜管	○	○	○	×
PVC 护套紫铜单管	×	○	○	○
PVC 护套紫铜管缆	×	×	○	○
不锈钢管	×	×	○	○
聚乙烯单管	○	×	×	×
聚乙烯管缆	×	×	○	○
尼龙单管	○	×	×	×
尼龙管缆	×	×	○	○

注："○"表示适用；"×"表示不适用。

气动信号管线的管径，一般选用 $\phi6\times1$。特殊情况下，如大膜头控制阀、直径较大的汽缸阀，或对于切换时间短且传输距离较远的控制装置，也可选用 $\phi8\times1$ 或 $\phi10\times1$。尼龙、聚乙烯管线（缆）的使用温度范围应符合制造厂的要求，但是，不宜用于环境温度变化较大、存在火灾危险的场所以及重要的场合。生产装置有防静电要求时，禁止使用尼龙、聚乙烯管线（缆）。

当生产装置中设置接管箱时，从控制室至接管箱，一般选用多芯管缆。尼龙及聚乙烯管缆的备用芯数不应少于工作芯数的 20%。不锈钢、紫铜管缆的备用芯数不应少于工作芯数的 10%。从接管箱至控制阀或现场仪表，管线宜选用 PVC 护套紫铜管或不锈钢管。

9.4.3 电线、电缆的选用

9.4.3.1 电线、电缆线芯截面积

线芯截面积应满足检测及控制回路对线路阻抗的要求，以及施工中对线缆机械强度的要求，可按表 9-6 选择。热电偶补偿导线的截面积，宜为 1.5～2.5mm^2。若采用多芯补偿电缆，在线路电阻满足测量要求的条件下，其线芯截面积可为 0.75～1.0mm^2。

表 9-6 电线、电缆线芯截面积选择

使用场合	铜芯电线截面积/mm^2	铜芯电缆截面积/mm^2	
		4 芯以下	4 芯及以上
控制室总供电箱至分供电箱或机柜	≥2.5	≥2.5	
控制室分供电箱至现场供电箱		≥1.5	
控制室分供电箱至现场仪表(电源线)		≥1.5	
现场供电箱至现场仪表(电源线)	1.5	1.5	
控制室至现场接线箱(信号线)			1.0～1.5
现场接线箱至现场仪表(信号线)		1.0～1.5	1.0～1.5
控制室至现场仪表(信号线)		1.0～1.5	0.75～1.5
控制室至现场仪表(报警联锁线)		1.5	
控制室至现场电磁阀		≥1.5	≥1.5
控制室至电机控制中心 MCC(联锁线)	1.5	1.5	
本安电路		0.75～1.5	0.75～1.5

9.4.3.2 电线、电缆的类型

一般情况下，电线宜选用铜芯聚氯乙烯绝缘线；电缆宜选用铜芯聚氯乙烯绝缘、聚氯乙烯护套电缆。寒冷地区及高温、低温场所，应考虑电线、电缆允许使用的温度范围。火灾危险场所，宜选用阻燃型电缆。爆炸危险场所，当采用本安系统时，宜选用本安电路用控制电缆，所用电缆的分布电容、电感必须符合本安回路的要求。

采用 DCS 或 PLC 的检测控制系统，或者制造厂对信号线有特殊要求时，信号回路宜选用屏蔽电缆，屏蔽形式的选择应符合表 9-7 规定。

表 9-7 用于 DCS（PLC）信号屏蔽电缆的屏蔽形式选择

序号	电缆规格	连接信号	分屏蔽	对绞	总屏蔽
1	2 芯	模拟/数字信号		○	○
2	多芯	模拟/数字信号		○	○
3	2 芯	热电偶补偿电缆			○
4	多芯	热电偶补偿电缆	○		○
5	3 芯	热电阻		○	○
6	多芯	热电阻		○	○

注："○"表示需要。

DCS 中的数据通信电缆，应根据制造厂的要求选择。

若仪表制造厂对仪表信号传输电缆有特殊要求，应按照制造厂的要求选用或由制造厂提供。如轴振动、轴位移信号的信号传输电缆应采用分屏蔽加总屏蔽的电缆。

热电偶补偿导线的型号，应与热电偶分度号相对应，可按表 9-8 选择。

表 9-8 热电偶补偿导线型号选择

热电偶类别	分度号	补偿导线名称及型号
铂铑 30-铂铑 6	B	BC
铂铑 10-铂	S	SC
镍铬-镍硅	K	KC 、KX
镍铬-康铜	E	EX
铁-铜镍	J	JX
铜-铜镍	T	TX
钨铼 3-钨铼 25	WRe3-WRe25	WC3/25
钨铼 5-钨铼 26	WRe5-WRe26	WC5/26
镍铬硅-镍硅	N	NC、NX

根据补偿导线使用场所选用补偿导线的形式：一般场所选用普通型；高温场所选用耐高温型；火灾危险场所选用阻燃型；采用 DCS 或 PLC 的场合宜选用屏蔽型；采用本安系统时选用本安型。

10 识读电缆管缆平面敷设图

电缆管缆平面敷设图分为控制室电缆管缆平面敷设图和控制室外部电缆管缆平面敷设图。控制室电缆管缆平面敷设图反映了控制室内部所有的电线电缆、管线管缆的具体敷设方式、安装位置及配管、配线情况。控制室外部电缆管缆平面敷设图反映了现场不同区域、不同平面上所有电线电缆、管线管缆的具体敷设方式、安装位置，配管、配线状况，汇线槽、导线管、托座、支架的特征，是电缆、管缆安装敷设的主要依据。

10.1 电线、电缆敷设

10.1.1 电线、电缆敷设相关规定

根据《中华人民共和国行业标准·仪表配管配线设计规定》(HG/T 20512—2000)，电线、电缆应按较短途径集中敷设，避开热源、潮湿、工艺介质排放口、振动、静电及电磁场干扰，不应敷设在影响操作、妨碍设备维修的位置。当无法避免时，应采取防护措施。电线、电缆不宜平行敷设在高温工艺管道和设备的上方或有腐蚀性液体的工艺管道和设备的下方。不同种类的信号，不应共用一根电缆。电线、电缆一般要穿金属保护管或敷设在带盖的金属汇线桥架内。仪表信号电缆与电力电缆交叉敷设时，宜成直角；与电力电缆平行敷设时，两者之间的最小允许距离，应符合表10-1的规定。

表10-1 仪表信号电缆与电力电缆平行敷设的最小间距

电力电缆电压与工作电流	相互平行敷设的长度/m			
	<100	<50	<500	≥500
	平行敷设的最小间距/mm			
125V,10A	50	100	200	1200
250V,50A	150	200	450	1200
200～400V,100A	200	450	600	1200
400～500V,200A	300	600	900	1200
3000～10000V,800A	600	900	1200	1200

注：仪表信号电缆包括敷设在钢管内或带盖的金属汇线桥架内的补偿导线。

本安电路的配线，必须与非本安电路的配线分开敷设。本安电路与非本安电路平行敷设时，两者之间的最小允许距离应符合表10-2的规定。

表10-2 本安电路与非本安电路平行敷设的最小间距

非本安电路的电压/V	非本安电路的电流/A			
	超过100	100以下	50以下	10以下
	平行敷设最小间距/mm			
超过440	2000	2000	2000	2000
440以下	2000	600	600	600
220以下	2000	600	600	500
110以下	2000	600	500	300
60以下	2000	500	300	150

通信总线应单独敷设，并采取防护措施。现场检测点较多的情况下，宜采用现场接线箱。多芯电缆的备用芯数宜为工作芯数的10%～15%。现场接线箱宜设置在靠近检测点、仪表集中和便于维修的位置。

传输不同种类的信号，不应使用同一个接线箱。对于爆炸危险场所，必须选用相应防爆等级的接线箱。室外安装的接线箱的电缆不宜从箱顶部进出。

10.1.2 电线、电缆的敷设方式

10.1.2.1 汇线桥架敷设方式

在工艺装置区内宜采用汇线桥架架空敷设的方式。汇线桥架安装在工艺管架上时，应布置在工艺管架环境条件较好的一侧或上方。汇线桥架内的交流电源线路和安全联锁线路应用金属隔板与仪表信号线路隔开敷设。本安信号与非本安信号线路应用隔板隔开，也可采用不同汇线桥架。数条汇线桥架垂直分层安装时，线路一般按先仪表信号线路，再安全联锁线路，最后仪表用交流和直流供电线路的顺序从上至下排列。

保护管应在汇线槽侧面高度1/2以上的区域内，采用管接头与汇线桥架连接。保护管不得在汇线桥架的底部或顶盖上开孔引出。汇线桥架由室外进入室内，由防爆区进入非防爆区或由厂房内进入控制室时，在接口处应采取密封措施。同时，汇线桥架应自室内坡向室外。汇线桥架内电缆充填系数宜为0.30～0.50。仪表汇线桥架与电气桥架平行敷设时，其间距不宜小于600mm。

10.1.2.2 保护管敷设方式

对于需要集中显示的检测点较少而且电线、电缆比较分散的场所，或由汇线桥架或电缆沟内引出的电线、电缆；或由现场仪表至现场接线箱的电线、电缆一般采用保护管敷设。

保护管一般采用架空敷设。当架空敷设有困难时，可采用埋地敷设，但保护管直径应加大一级。埋地部分应进行防腐处理。保护管宜采用镀锌电线管或镀锌钢管，也可根据实际情况，采用非金属保护管。保护管内电线或电缆的充填系数，一般不超过0.40。单根电缆穿保护管时，保护管内径不应小于电缆外径的1.5倍。不同种类及特性的线路，应分别穿管敷设。保护管与检测元件或现场仪表之间，宜用挠性连接管连接，隔爆型现场仪表及接线箱的电缆入口处，应采取相应防爆级别的密封措施。单根保护管的直角弯头超过两个或管线长度超过30m时，应加穿线盒。

10.1.2.3 电缆沟敷设方式

电缆沟坡度不应小于1/200。室内沟底坡度应坡向室外，在沟底的最低点应采取排水措施，在可能积聚易燃、易爆气体的电缆沟内应填充砂子。电缆沟应避开地上和地下障碍物，避免与地下管道、动力电缆沟交叉。仪表电缆沟与动力电缆沟交叉时，应成直角跨越，在交叉部分的仪表电缆应采取穿管等隔离保护措施。

10.1.2.4 电缆直埋敷设方式

室外装置检测、控制点少而分散又无管架可利用时，宜选用铠装电缆直埋敷设，并采取防腐措施。直埋电缆穿越道路时，应穿保护管保护。管顶敷土深度不得小于1000mm。电缆应埋在冻土层以下，当无法满足时，应有防止电缆损坏的措施，但埋入深度不应小于

700mm。直埋敷设的电缆与建筑物地下基础间的最小距离为600mm，与电力电缆间的最小净距离应符合表10-1的规定，直埋敷设的电缆不应沿任何地下管道的上方或下方平行敷设。当沿地下管道两侧平行敷设或与其交叉时，与易燃、易爆介质的管道平行时最小净距离为1000mm，交叉时最小净距离为500mm。与热力管道平行时最小净距离为2000mm，交叉时最小净距离为500mm；与水管或其他工艺管道平行或交叉时最小净距离均为500mm。

10.2 控制室电缆管缆平面敷设图

10.2.1 模拟仪表控制室电缆管缆平面敷设图的内容

包括现场仪表至接线箱（供电箱）、接线箱（供电箱）至电缆桥架和现场仪表至电缆桥架之间的配线平面位置；电缆（管缆）桥架的安装位置、标高和尺寸；电缆（管缆）桥架安装支架与吊架位置和间距以及电缆（管缆）在桥架中的排列和电缆（管缆）编号等。

① 参照常规仪表控制室平面布置图，按一定比例绘出控制室内仪表盘、操纵台、供电箱、继电器箱、供气装置等的平面位置。根据控制室的设计，绘出控制室的门和窗，对控制室在工艺装置区中的定位轴线和有关尺寸加以标注。

② 按规定的图形符号绘出进出控制室及室内盘、箱之间的电线电缆、管线管缆、供气管线等的敷设图，按电线电缆、管线管缆在管、线束中的实际排列位置标注出它们的编号。

③ 为了表明盘背面、框架上、墙上安装的仪表、电气设备、元件、供气装置的位置以及管线在盘（或框架）上等处的敷设情况，应绘出必要的剖视图和部件详图。

④ 在标题栏上方绘制设备材料表，表中列出供电箱、继电器箱、气源装置、仪表、管件、阀门以及其他安装材料的编号、名称、型号、规格、材料、数量等内容。

表10-3 控制室电缆管缆平面敷设图中的设备和材料

序号	图号或标准号	名称及规格	材料	数量	备注
1		截止阀，J11T-16，PN1.6，DN25		2	
2		镀铸活接头，3/4in	可锻铸铁	4	
3		截止阀，J11T-16，PN1.6，DN20		4	
4		空气过滤器，QFG300，40m^3/h		2	
5		减压阀，QFY-200		2	
6		黄铜管，ϕ22×3	H62	7m	
7		压力表截止阀，JJ-M1，PN6.3，DN5	碳钢	5	
8		电接点压力表，YX-150A，0～1.0MPa		1	
9		镀锌水煤气管，2in	Q235	4m	
10		气动管路截止阀，QJ-1	H62	3	
11		气动定值器，QFY-111		1	
12		空气安全阀，QFA-13		1	
13		黄铜管，ϕ55×2		2m	
14		紫铜管，ϕ6×1		4m	菱形花纹钢板
15	SB	总供电箱，KXG-109-25/10		1	
16		槽钢，⊏ 100×48×5.3	Q235	9m	
17		盖板，800×1600×6		10块	
18		地脚螺栓，M10×200		12个	
19		弹簧管压力表，Y-60，0～0.25MPa		4	

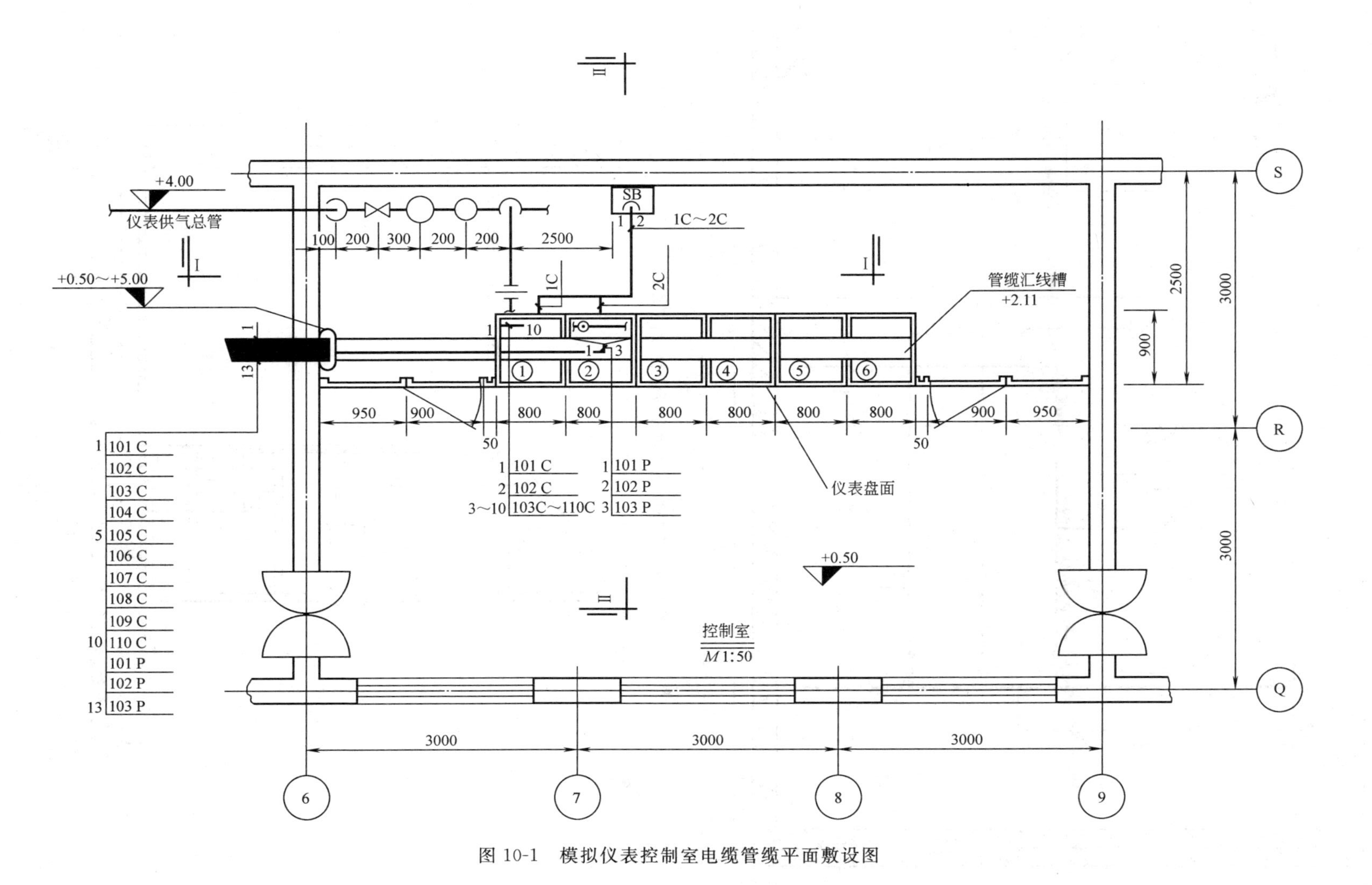

图 10-1 模拟仪表控制室电缆管缆平面敷设图

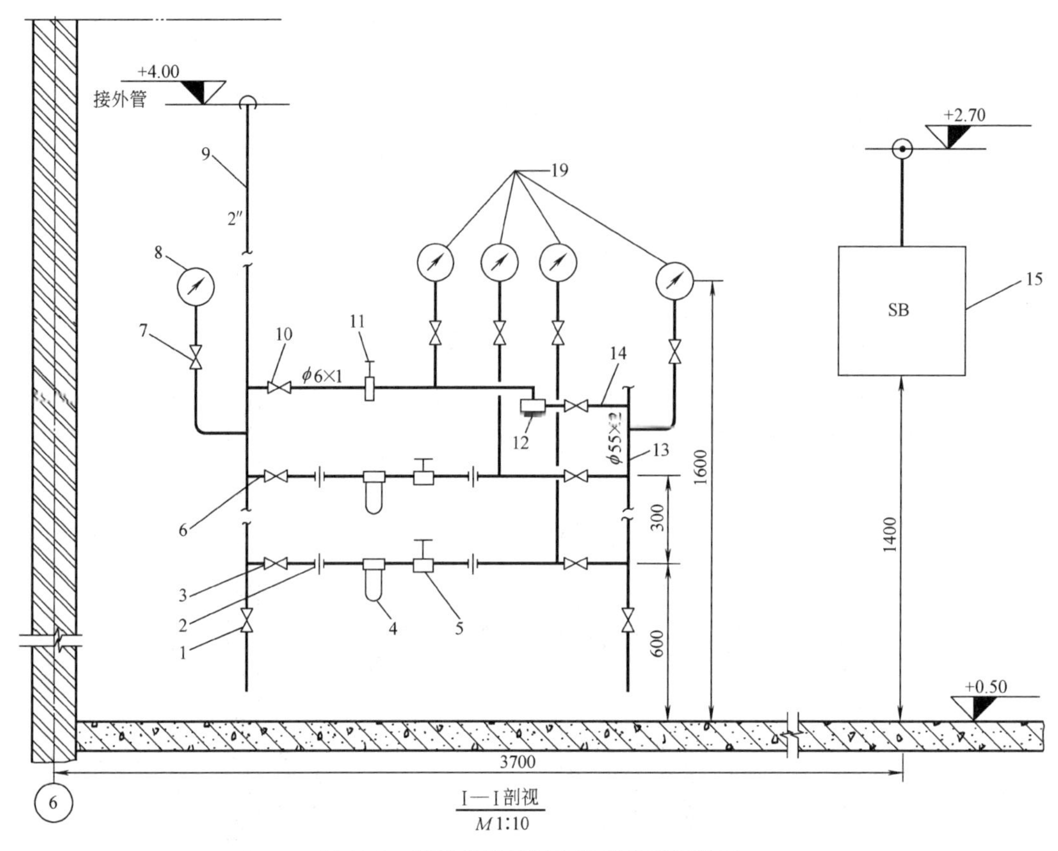

图 10-2 模拟仪表控制室仪表盘后剖视图

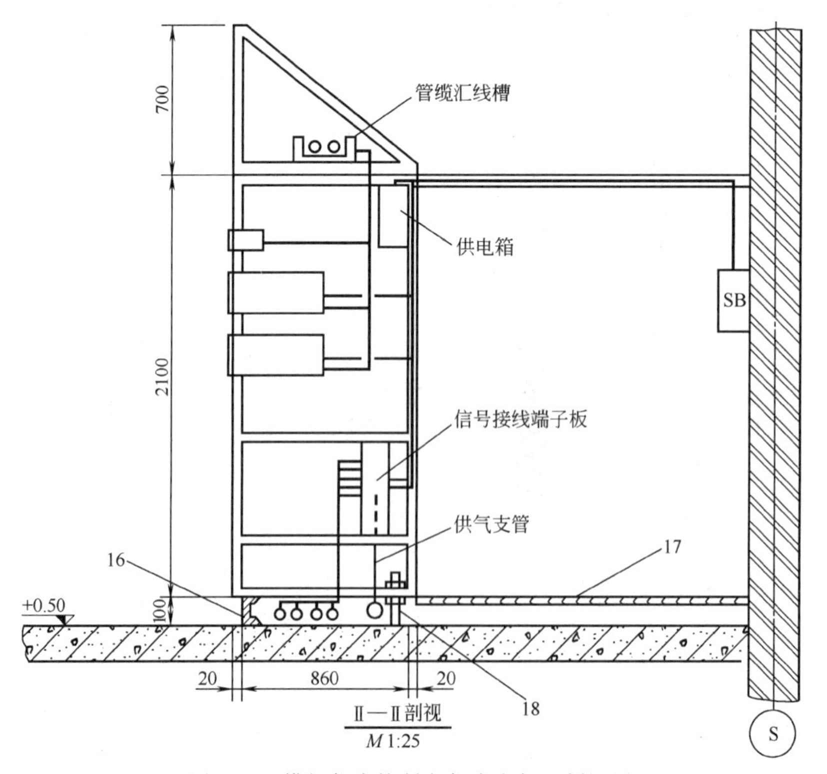

图 10-3 模拟仪表控制室仪表盘侧面剖视图

10.2.2 识图示例

某工厂自控工程设计中模拟仪表控制室电缆管缆平面敷设图如图 10-1 所示，仪表盘后的电源和气源装置、仪表盘侧面剖视图如图 10-2 和图 10-3 所示，图中所用的设备和材料见表 10-3。

10.3 DCS 控制室电缆布置图

10.3.1 DCS 系统配置图的内容

DCS 系统配置图以图形和文字表示由操作站、控制站、通信总线等组成的 DCS 系统结构，并附输入、输出信号的种类和数量以及其他硬件配置等。

某工厂自控工程设计中采用 Honeywell 公司的集控制和管理于一体的集散型控制系统 TPS，系统中使用了 5 台全局用户操作站 GUS、1 台工程师站 ENGR、1 台应用模件 AM、1 台历史模件 HM。网络接口模件 NIM、高性能过程管理站 HPM、局部控制网络 LCN 和万能控制网络 UCN 都是双重化冗余配置。DCS 系统配置如图 10-4 所示，图中的设备见表 10-4。

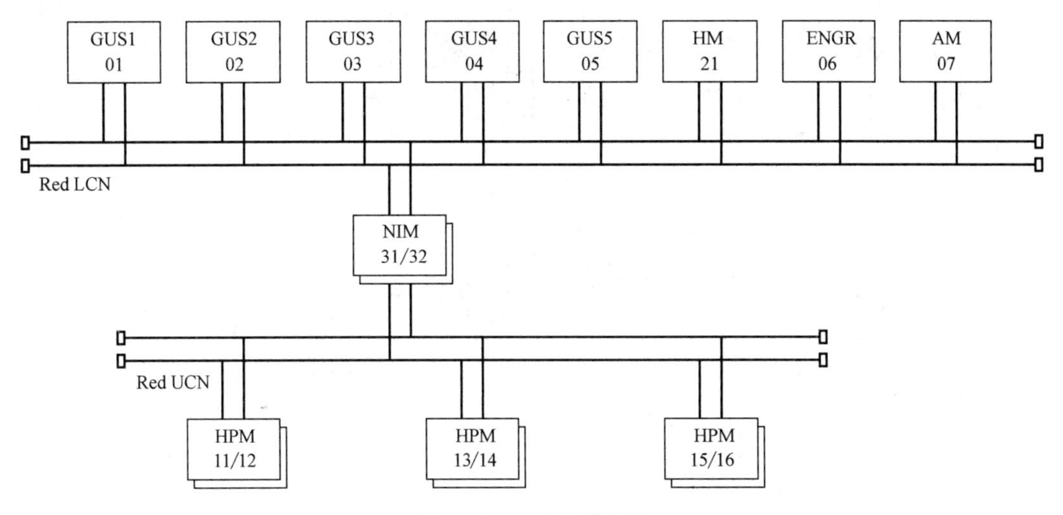

图 10-4　DCS 系统配置

表 10-4　DCS 系统硬件配置

序号	位号或符号	名　　称	数量	备注
1	GUS	全局用户操作站	5	
2	HM	历史模件	1	
3	ENGR	工程师站	1	
4	AM	应用模件	1	
5	LCN	局部控制网络	2	
6	NIM	网络接口模件	2	
7	UCN	万能控制网络	2	
8	HPM	高性能过程管理站	6	

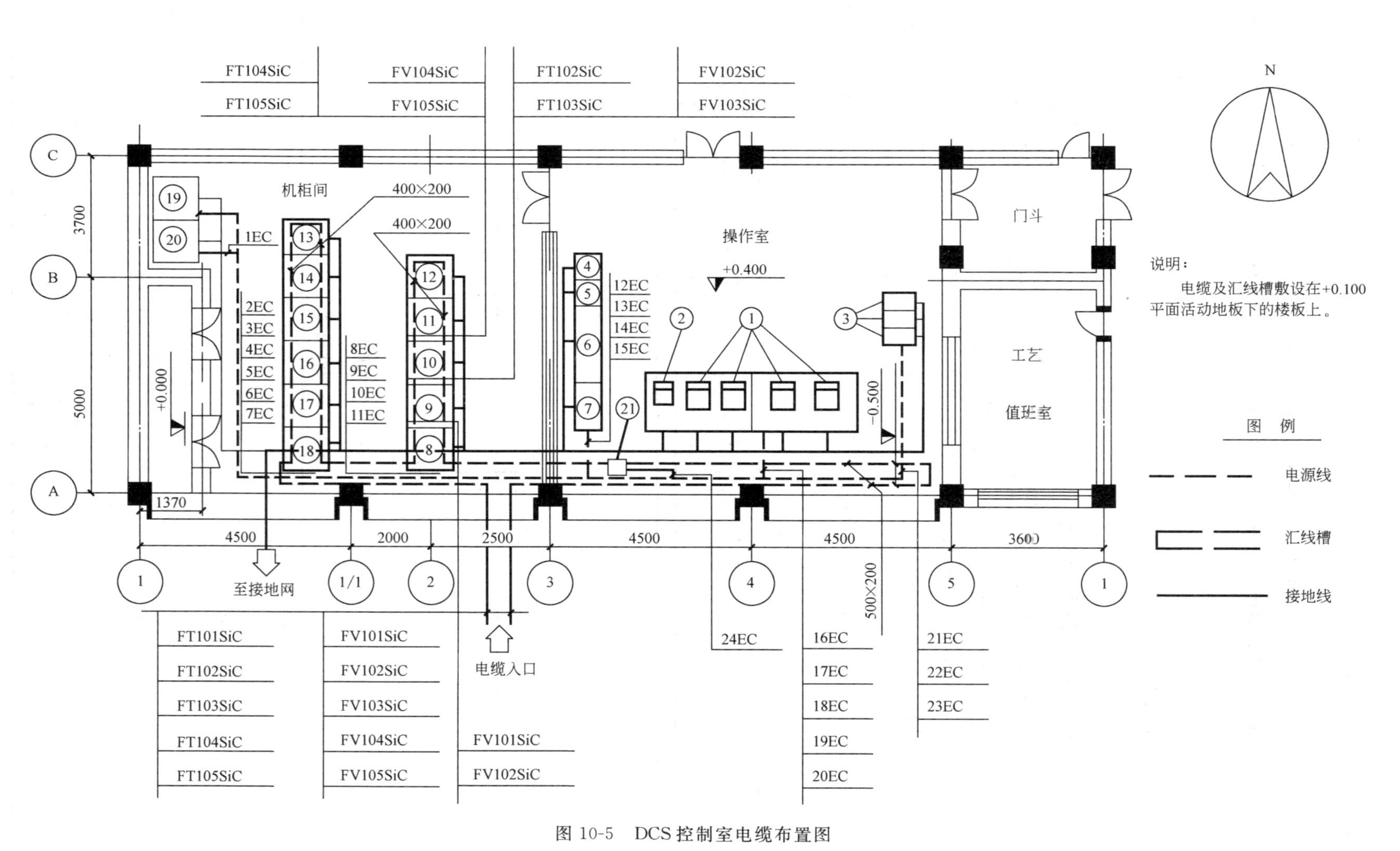

图 10-5 DCS控制室电缆布置图

10.3.2 DCS控制室电缆布置图的内容

DCS控制室电缆布置图应表示出控制室内电缆及桥架安装位置、标高和尺寸；进控制室的桥架安装固定、密封结构、安装倾斜度以及电缆排列和编号等。

某工厂自控工程设计中DCS控制室电缆布置图如图10-5所示。

10.4 控制室外部电缆管缆平面敷设图

10.4.1 控制室外部电缆管缆平面敷设图的内容

① 按一定比例绘出与自控有关的工艺设备及管道平面布置图（只画主要设备，次要的无测量点的设备可以不画），绘出与自控专业有关的建筑物，标注出工艺设备的位号，工艺管道的编号，厂房定位轴线的编号及有关尺寸。

② 绘出与控制室有关的检测仪表、变送器、执行器、接线端子箱、接管箱、现场供电箱等自控设备，绘出在工艺管道或设备上安装的检出元件、测量取源点、变送器、控制阀等，标注出它们在图中的位置、位号（或编号）以及标高，并注出电线（或管线）在接线端子箱（或接管箱）中接点（或接头）的编号。

③ 电缆、管缆分别画到接线端子箱、接管箱处即可。由接线端子箱、接管箱连接到测量点、变送器及执行器处的电线、管线一般不画，由施工单位根据现场实际情况酌情敷设。但是，由测量点、检出元件等不经接线端子箱、接管箱而直接连到控制室去的电线电缆、管线管缆应就近从测量点画到汇线槽中。标注出各条电线电缆、管线管缆的编号。

④ 绘出线、缆、管集中敷设的管架以及在管架上的排列方式，并注出标高、平面坐标尺寸、管架的编号等，必要时应画出局部详图。在图纸的适当位置列表注出所选用标准管架等的安装制造图号、管架形式、编号、规格、数量。在特殊情况下应绘出管架图。地下敷设的管、缆、线应绘制敷设方式，并说明保护措施。现场电缆、管缆进控制室穿墙处（或穿楼板处）如有特殊要求时，应在本图上注明穿墙（或穿楼板）处理的标准图号。

⑤ 当工艺装置为多层、多区域布局时，应按不同平面分层（一般按楼层分)、分区绘制电缆、管缆平面敷设图。当有的平面上测量点和仪表较少时，可只绘出有关部分。也可用多层投影的方法绘图，并在各测量点和仪表处标注位号和标高。

10.4.2 识图示例

某工厂自控工程设计中控制室外部电缆管缆平面敷设图如图10-6所示。

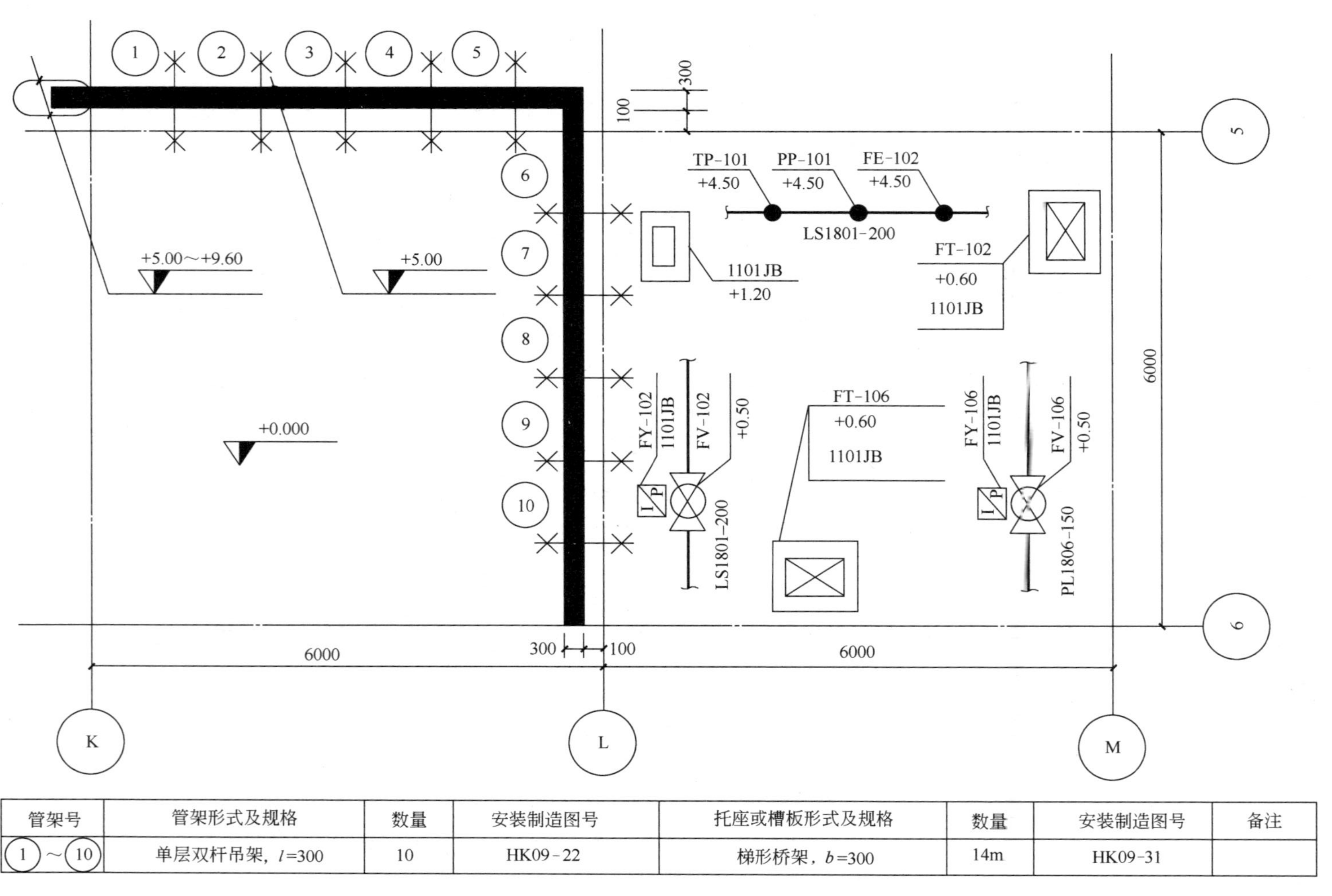

管架号	管架形式及规格	数量	安装制造图号	托座或槽板形式及规格	数量	安装制造图号	备注
①～⑩	单层双杆吊架，l=300	10	HK09-22	梯形桥架，b=300	14m	HK09-31	

图 10-6　控制室电缆管缆平面敷设图

11 识读仪表回路图和接地系统图

11.1 仪表回路图

仪表回路图是采用直接连线法，将一个系统回路中的所有仪表、自控设备和部件的连接关系表达出来的图纸。这种图纸的一个突出特点是它把安装、施工、检验、投运和维护等所需的全部信息方便地表示在一张按一定规格绘制的图纸上，改善了回路信息的完整性和准确性，便于使用仪表回路图的各类人员之间的交流和理解。

在仪表回路图中，所有的设备和元件具有清楚的标记和标志，这些标记和标志由图形符号和文字符号组合而成。所有的标志和数字与管道仪表流程图一致。相互连接的电线、电缆、多芯气动管缆和单芯气动管线以及液压管线都有编号，接线箱、接线端子、接管箱、接口、计算机输入 / 输出（I/O 连接、接地系统、接地连线和信号电平）也使用标记。图中标明设备的安装地点（例如现场 、盘前、电缆中继箱和计算机 I/O 机柜等）、能源（例如电源、气源、液压源、设计电压、压力等）和其他使用要求。

仪表回路图按系统的功能可分为检测系统仪表回路图、信号报警系统仪表回路图和控制系统仪表回路图等。按仪表的类型可分为 DCS 仪表回路图和模拟仪表回路图等。

11.1.1 仪表回路图的内容

① 一幅仪表回路图通常只包括一个回路。

② 仪表回路图分为左、右两大区域，左边为现场，右边为控制室。根据实际情况，现场又分为工艺区和接线箱。控制室的分区又分为两种情况：在 DCS 仪表回路图中，控制室可分为端子柜、辅助柜、控制站和操作台等区；在模拟仪表回路图中，控制室分为架装和盘装等区。

③ 用规定的图形符号表示接线端子板、穿板接头、仪表信号屏蔽线、仪表及仪表端子或通道编号等。

④ 用规定的文字符号标注所有仪表的位号和型号，标注电缆、接线箱（盒）和端子排及端子等的编号。

⑤ 用细实线将回路中的各端子连接起来，用系统链将 DCS 中的各功能模块及 I/O 卡件连接起来。

11.1.2 识读仪表回路图

11.1.2.1 DCS 仪表回路图

某工厂自控工程设计中，DCS 仪表回路图如图 11-1 所示。这是一个温度控制系统，图中，TE101RC、JBR1001RC、TY101SC、JBS1001SC、TSV101CC 等均为电缆（线）编号，WZPK-243 为热电阻的型号，KAS-904L、KAS-906 为安全栅的型号，ZMAP-16K 为控制阀

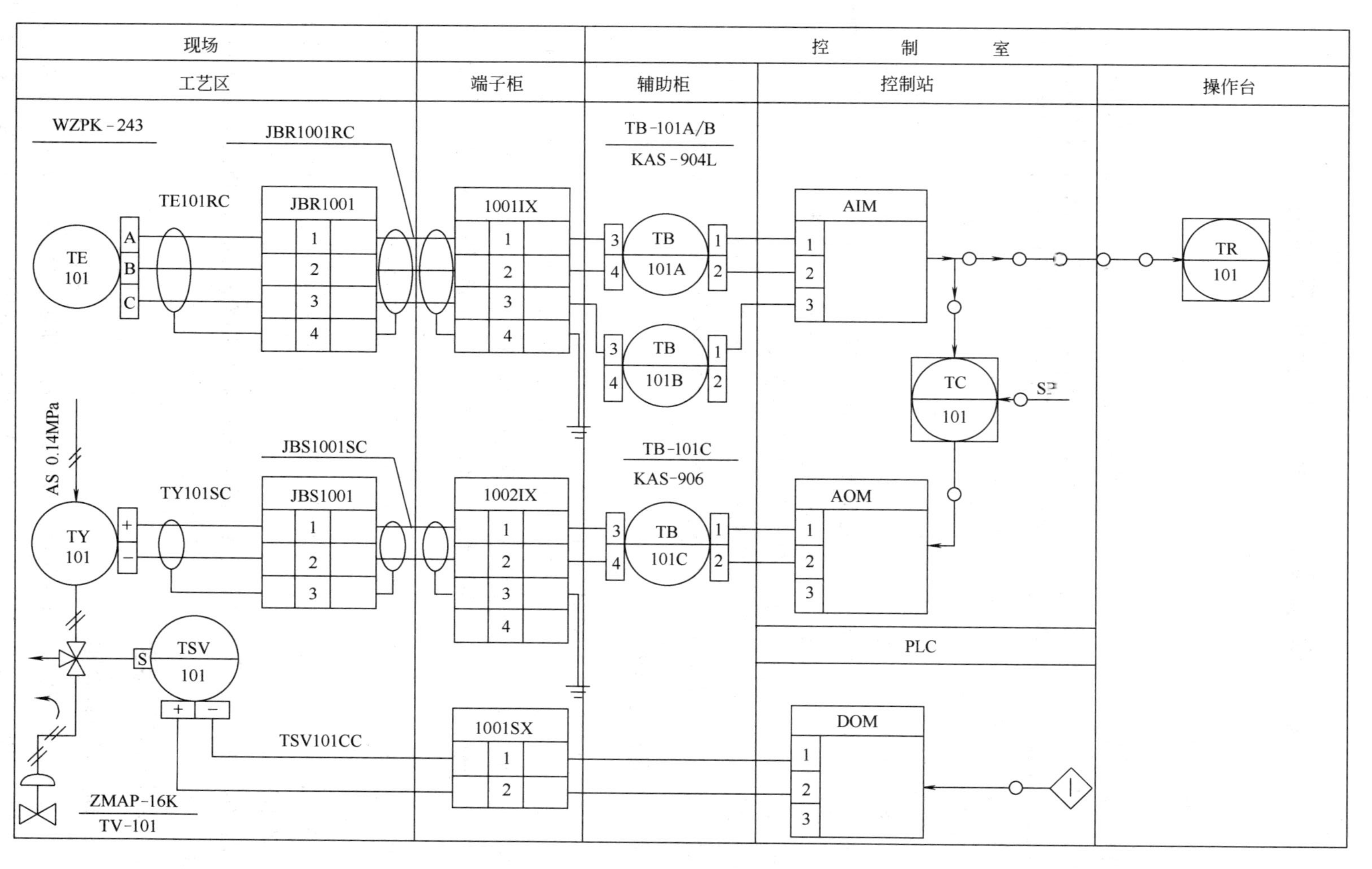

图 11-1 DCS仪表回路图

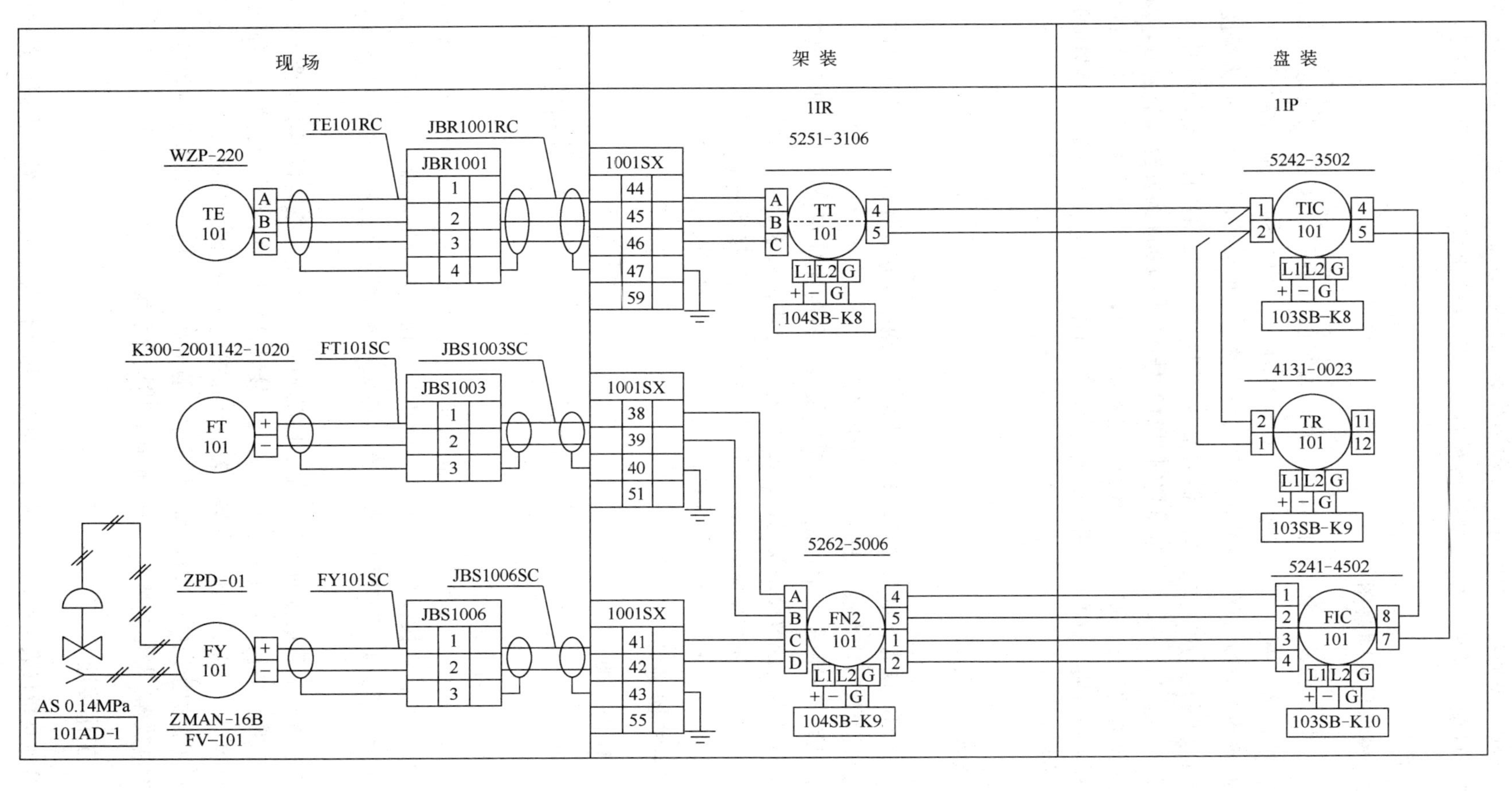

图 11-2 模拟仪表回路图

的型号。这些仪表的技术性能可以从相关仪表的选型样本中查阅。AIM、AOM、DOM分别为模拟量输入模件、模拟量输出模件、数字量输出模件的代号，AS 0.14MPa 为气源。

11.1.2.2 模拟仪表回路图

某工厂自控工程设计中，模拟仪表回路图如图 11-2 所示。这是一个温度与流量的串级控制系统，图中，TE101RC、JBR1001RC、FT101SC、JBS1003SC、FY101SC、JBS1006SC 等均为电缆（线）编号，WZP-220 为热电阻的型号，5251-3106 为温度变送器的型号，K300-2001142-1020 为流量变器的型号，5242-3502 为温度控制器的型号，4131-0023 为记录仪的型号，5241-4502 为流量控制器的型号，5262-5006 为安全栅的型号，ZPD-01 为电气阀门定位器的型号，ZMAN-16B 为控制阀的型号，这些仪表的技术性能可以从相关仪表的选型样本中查明。1IP 为 2 号仪表盘的代号，1IR 为 2 号仪表盘后安装架的代号，AS 0.14MPa 为气源。

11.2 接地系统图

接地是指用电仪表、电气设备、屏蔽层等用接地线与接地体连接，以保护自控设备及人身安全，抑制干扰对仪表系统正常工作的影响。

仪表接地系统图用来表示控制室和现场仪表设备的接地系统，主要内容包括接地点位置、分类、接地电缆的敷设以及规格、数量和接地电阻值要求等。

按接地的设置情况和接地的作用不同，接地可分为保护接地和工作接地。下面就《中华人民共和国行业标准·仪表系统接地设计规定》（HG/T 20513—2000）作一简要介绍。

11.2.1 保护接地与工作接地

11.2.1.1 保护接地

保护接地是将用电仪表的金属外壳和自控设备在正常情况下不带电的金属部分与接地体之间作良好的金属连接，以防止不带电的金属导体由于绝缘损坏等意外事故可能带上危险电压，保证人身和设备安全。

要求作保护接地的自控设备有：仪表盘、仪表操作台、仪表柜、仪表架和仪表箱；DCS/PLC/ESD 机柜和操作站；计算机系统机柜和操作台；供电盘、供电箱、用电仪表外壳、电缆桥架（托盘）、穿线管、接线盒和铠装电缆的铠装护层以及其他各种自控辅助设备。

安装在非爆炸危险场所的金属仪表盘上的按钮、信号灯、继电器等小型低压电器的金属外壳，当与已作保护接地的金属表盘框架电气接触良好时，可不作保护接地。低于 36V 供电的现场仪表、变送器、就地开关等，若无特殊需要可不作保护接地。

凡已作了保护接地的地方即可认为已作了静电接地。在控制室内使用防静电活动地板时，应作静电接地。静电接地可与保护接地合用接地系统。

11.2.1.2 工作接地

工作接地是指仪表系统的工作接地，即为了保证仪表可靠地正常工作而设置的接地，而不是电力系统的工作接地。它包括信号回路接地、屏蔽接地和本质安全仪表接地。

在自动化系统和计算机等电子设备中，非隔离的信号需要建立一个统一的信号参考点，并应进行信号回路接地（通常为直流电源负极）。隔离信号可以不接地。这里隔离是指每一输入（出）信号和其他输入（出）信号的电路是绝缘的，对地是绝缘的，电源是独立且相互隔离的。

仪表系统中用以降低电磁干扰的部件如电缆的屏蔽层、排扰线、仪表上的屏蔽接地端子，均应作屏蔽接地。在强雷击区，室外架空敷设的不带屏蔽层的普通多芯电缆，其备用芯应按照屏蔽接地。如果是屏蔽电缆，屏蔽层已接地，则备用芯可不接地，穿管多芯电缆备用芯也可不接地。

本安仪表系统在安全功能上必须接地的部件，应根据仪表制造厂的要求作本安接地。齐纳安全栅的汇流条必须与供电的直流电源公共端相连，齐纳安全栅的汇流条（或导轨）应作本安接地。隔离型安全栅不需要接地。

11.2.1.3 接地系统

接地系统由接地连接和接地装置两部分组成。接地连接包括接地连线、接地汇流排、接地分干线、接地汇总板和接地干线等。接地装置包括总接地板、接地总干线和接地极等。如图 11-3 所示。

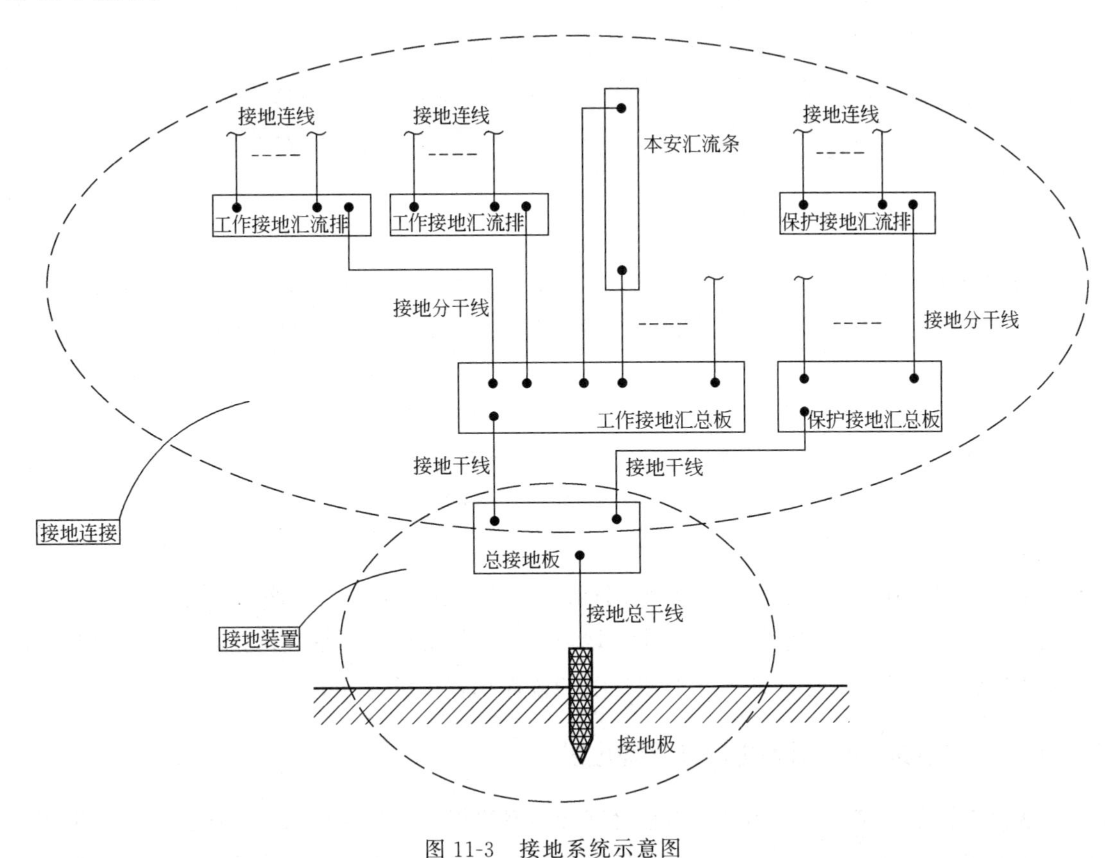

图 11-3　接地系统示意图

仪表及控制系统的接地连接采用分类汇总，最终与总接地板连接的方式。交流电源的中线起始端应与接地极或总接地板连接。

11.2.2 接地连接方法

11.2.2.1 现场仪表接地连接方法

对于现场仪表电缆汇线槽、仪表电缆保护管以及 36V 以上的仪表外壳的保护接地，每隔 30m 用接地连接线与就近已接地的金属构件相连，并应保证其接地的可靠性及电气的连续性。严禁利用储存、输送可燃性介质的金属设备、管道以及与之相关的金属构件进行接地。

现场仪表的工作接地一般应在控制室侧接地，如图 11-4 所示。对被要求或必须在现场接地的现场仪表，应在现场侧接地，如图 11-5 所示。

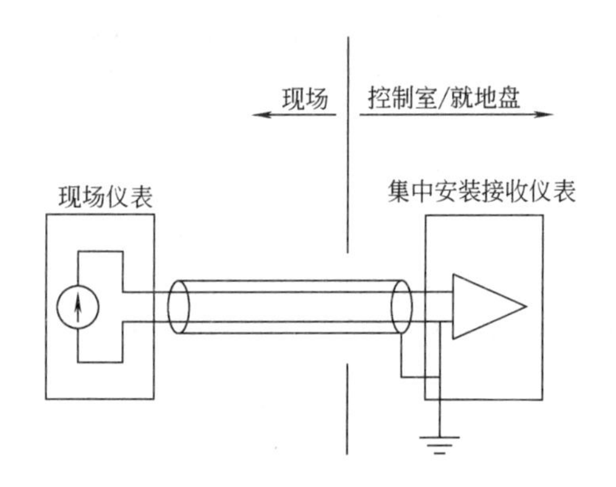

图 11-4 信号回路在集中安装仪表侧接地时的工作接地方法

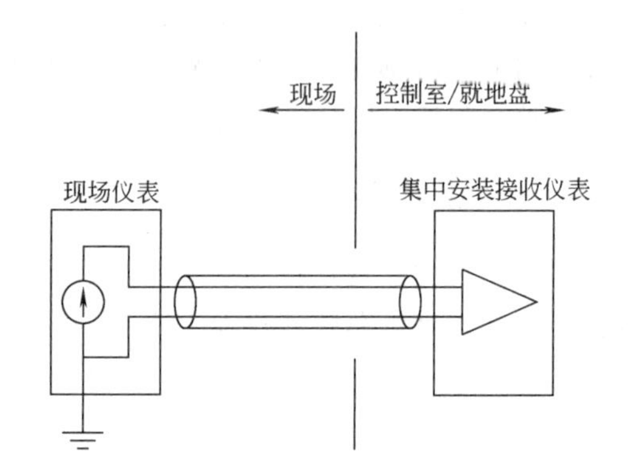

图 11-5 信号回路在现场仪表侧接地时的工作接地方法

11.2.2.2 控制室仪表接地连接方法

控制室（集中）安装仪表的自控设备（仪表柜、台、盘、架、箱）内应分类设置保护接地汇流排、信号及屏蔽接地汇流排和本安接地汇流条。各仪表设备的保护接地端子和信号及屏蔽接地端子通过各自的接地连线分别接至保护接地汇流排和工作接地汇流排。各类接地汇流排经各自的接地分干线分别接至保护接地汇总板和工作接地汇总板。

齐纳式安全栅的每个汇流条（安装轨道）可分别用两根接地分干线接到工作接地汇总板。齐纳式安全栅的每个汇流条也可由接地分干线于两端分别串接，再分别接至工作接地汇总板。

某工厂自控设计中控制室接地系统图如图 11-6 所示。图中设有两个接地极，一个为工作接地极，另一个为保护接地极。工作接地极和保护接地极分别单独设置，彼此之间互不相连。图中各接地线上所标注的数字为接地线的截面积，单位为 mm^2。

11.2.2.3 连接电阻、对地电阻和接地电阻

从仪表设备的接地端子到总接地板之间导体及连接点电阻的总和称为连接电阻。仪表系统的接地连接电阻不应大于 1Ω。接地极的电位与通过接地极流入大地的电流之比称为接地极对地电阻。接地极对地电阻和总接地板、接地总干线及接地总干线两端的连接点电阻之和称为接地电阻。仪表系统的接地电阻不应大于 4Ω。

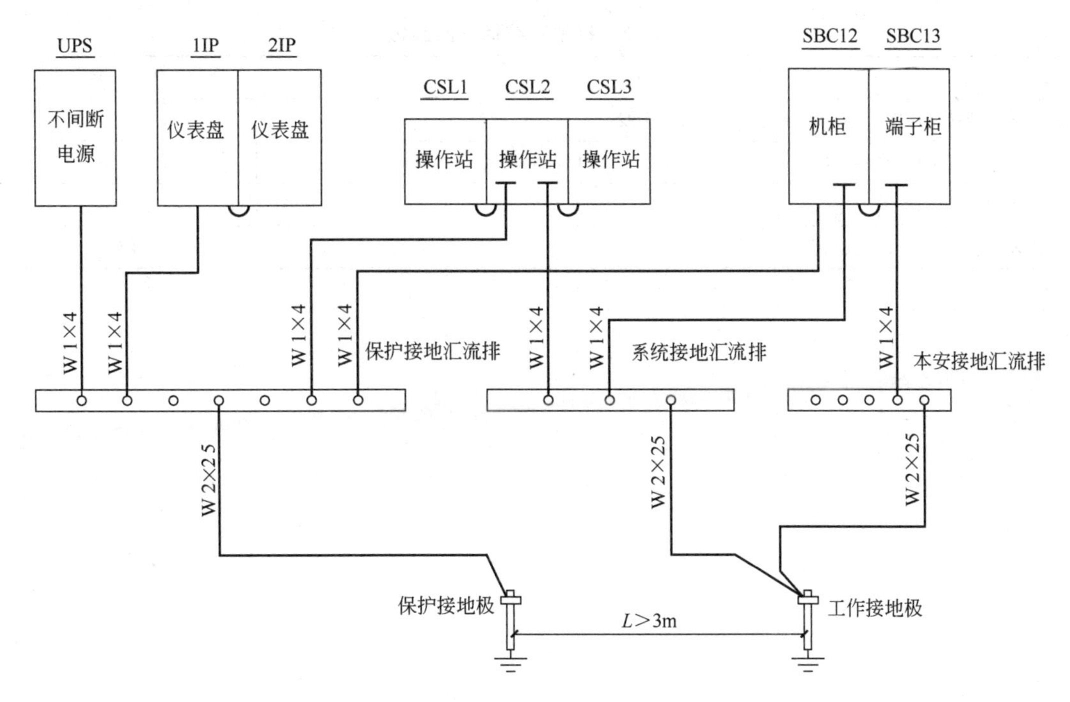

图 11-6 控制室接地系统图

11.2.3 接地连接的规格及结构要求

11.2.3.1 接地连接线规格

接地系统的导线应采用多股绞合铜芯绝缘电线或电缆，接地系统的导线应根据连接仪表的数量和长度按表 11-1 中的数值选用。

表 11-1 接地连接线规格

序号	连线类型	连线规格	序号	连线类型	连线规格
1	接地连线	1～2.5mm²	3	接地干线	10～25mm²
2	接地分干线	4～16mm²	4	接地总干线	16～50mm²

11.2.3.2 接地汇流排、连接板规格

接地汇流排一般采用 25mm×6mm 的铜条制作，也可用连接端子组合而成。接地汇总板和总接地板应采用铜板制作，铜板厚度不应小于 6mm，长宽尺寸按需要确定。

11.2.3.3 接地连接结构要求

所有接地连接线在接到接地汇流排前、所有接地分干线在接到接地汇总板前、所有接地干线在接到总接地板前均应保证良好绝缘。

接地汇流排（汇流条）、接地汇总板、总接地板应用绝缘支架固定。接地系统的各种连接应保证良好的导电性能。接地连线、接地分干线、接地干线、接地总干线与接地汇流排、接地汇总板的连接应采用铜接线片和镀锌钢质螺栓，并采用防松和防滑脱件，或采用焊接，以保证连接的牢固可靠。接地总干线和接地极的连接部分应分别进行热镀锌或热镀锡。

接地系统应设置耐久性的标识，标识的颜色见表 11-2。

表 11-2　接地系统标识的颜色

用　　途	颜　　色
保护接地的接地连线、汇流排、分干线、汇总板、干线	绿色
信号回路和屏蔽接地的接地连线、汇流排、分干线、工作接地汇总板、干线	绿色＋黄色
本安接地分干线、汇流条	绿色＋蓝色
总接地板、接地总干线、接地极	绿色

第三篇　识读仪表安装图

12　仪表安装图常用图例符号

12.1　仪表安装图常用图形符号

仪表安装图是用图示的方法表达仪表及自控设备安装技术和安装规范的工程施工图样。了解仪表安装图常用图形符号，有助于正确识读仪表安装图。常用图形符号见表12-1。

表12-1　仪表安装图常用图形符号

序号	名　称	图　形　符　号
1	压力表 Pressure  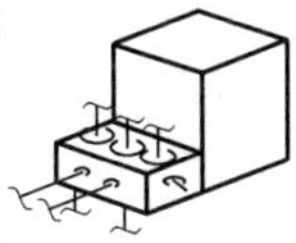	
2	变送器(压力或差压) Transmitter(P or D/P Cell) 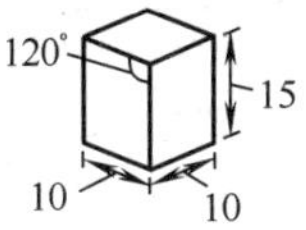 	120° 15 10 10
3	二阀组与变送器组合安装 Manifold and Transmitter 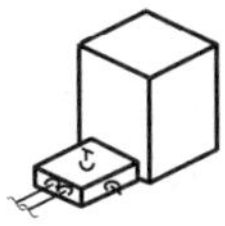 	
4	二阀组 2-Valve Manifold 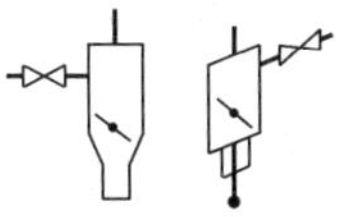 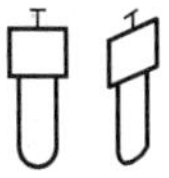	
5	多路阀 Gauge/Root Valve (Gauge Multiport Valve) 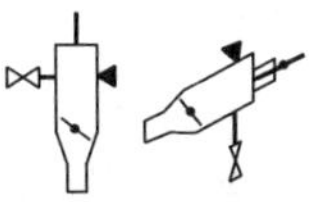 	
6	三阀组 3-Valve Manifold 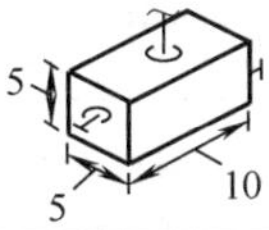 	5 5 10
7	五阀组 5-Valve Manifold 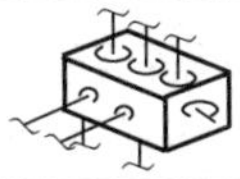 	
8	三阀组与变送器组合安装 3-Valve Manifold and Transmitter	
9	五阀组与变送器组合安装 5-Valve Manifold and Transmitter	
10	节流装置 Orifice Plate	
11	转子流量计 Area Flow Meter	
12	空气过滤器减压阀 Air Set	
13	膜片隔离压力表 Diaphragm Sealed Pressure Gauge	
14	变送器(压力或差压) Transmitter(P or D/P Cell)	
15	浮筒液面计 Displacement Type Level Instrument	
16	法兰式液面变送器 Flange Mounted Liquid Level Transmitter	

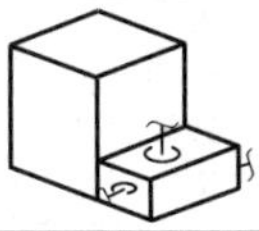

续表

序号	名称	图形符号	序号	名称	图形符号
17	远传膜片密封差压变送器 Remote Diaphragm Seal Differential Pressure Transmitter		34	带垫片正反扣压力表接头 Chuck Shank	
			35	带垫片压力表接头 Gauge Connector	
18	分析取样系统过滤器 Sample System Filter		36	冷凝弯 Pipe	
19	分析系统用减压器 Pressure Regulator for Sample System		37	冷凝圈 Pipe Syphon	
20	冷却罐 Cooler		38	焊接点 Weld	
21	夹套式冷却器 Jacketing Cooler		39	直通终端接头 End Connector	
22	干燥瓶 Drying Bottle		40	直通中间接头或活接头 Union	
			41	弯通中间接头 Elbow	
23	导压管或气动管线 Pressure Piping or Tube		42	三通中间接头 Tee	
24	坡度 Slope		43	直通穿板接头 Bulkhead Union	
25	毛细管 Capillary Tube		44	隔离容器 Seal Chamber	
26	工艺设备或管道 Vessel or Pipe		45	角形阀 Angle Valve	
27	取源法兰接管 Weld Neck Flange		46	带法兰角形阀 Flange Angle Valve	
28	取源管接头 Pressure Tap		47	冷凝容器 Condensate Pot	
29	阀门 Valve		48	分离容器 Separator	
30	法兰 Flange				
31	法兰连接阀门 Flanged Valve		49	弯通终端接头 End Connector	
32	限流孔板 Restrict Orifice		50	分工范围 Scope of Work	
33	止回阀 Check Shank		51	大小头 Reducer 异径接头，异径短节 Reducing Adapter	

续表

序号	名　称	图形符号	序号	名　称	图形符号
52	伴热管 Tracer		58	防爆铠装电缆密封接头 Ex(d). Armoed-Cable Packing Gland 防水铠装电缆密封接头 Water-Proof Armoed-Cable Packing Gland	
53	保温 Insulation				
54	疏水器 Steam Trap		59	接管式防爆密封接头 Ex(d). Packing Gland for Connecting Pipe	
55	保温箱或保护箱 Heating Box(Protection Box)		60	接管式防水密封接头 Water-Proof Packing Gland for Connecting Pipe	
56	防爆密封接头 Ex(d). Packing Gland		61	防爆密封接头挠性管 Ex(d). Flexible Condui With Packing Gland	
57	防水密封接头 Water-Proof Gland		62	小型异径三通接头 3-Way Reducer	

12.2 仪表安装材料文字代号

仪表安装材料代码由两位英文字母和三位数字组成，分别表示材料的类别、品种及规格。

（1）材料分类　仪表安装材料分为七个类别，由材料代码的第一位英文字母表示，见表 12-2。

表 12-2　仪表安装材料分类代号

序号	代号	类　别	说　　明
1	C	辅助容器	如冷凝器、冷却器、过滤器、分离器等
2	E	电气材料	如穿线盒、挠性管、电缆管卡等
3	F	管件	如镀锌铸铁管件、卡套管件、焊接管件等
4	P	管材	如塑料管、铝管、铜管、钢管等
5	S	型材	如角钢、圆钢、槽钢等
6	U	紧固件	如法兰、垫片、螺栓、螺母等
7	V	阀门	如球阀、闸阀、多路阀等

（2）材料品种　仪表安装材料代码的第二位英文字母表示该类材料中的不同品种。例如，C 类中的 C 表示冷凝器和冷却器，S 表示隔离器；S 类中的 C 表示槽钢，L 表示钢板；U 类中的 B 表示螺栓、螺柱、螺钉，F 表示法兰、法兰盖，G 表示垫片、透镜垫，N 表示螺母，W 表示垫圈；V 类中的 C 表示截止阀，G 表示闸阀，B 表示球阀，I 表示仪表气动管路用阀，M 表示多路闸阀。

（3）材料名称、规格和材质　仪表安装材料代码中第 3、4、5 位的序号表示材料的规格、材质等。若无特殊说明，本书中仪表安装材料表中的材料规格，均以 mm 为单位。在所选的耐酸材料中，由于酸性介质的种类较多，只选用弱酸性介质适用的碳钢。没有注明材料的材质由工艺给出。安装材料表中，H 表示接头长度，δ 表示垫片厚度。

13 识读温度测量仪表安装图

13.1 温度检测与仪表

13.1.1 温度测量的基本概念

温度是表征物体冷热程度的物理量。温度只能通过物体随温度变化的某些特征来间接测量，而用来量度物体温度数值的标尺叫温标。它规定了温度的读数起点（零点）和测量温度的基本单位。目前国际上用得较多的温标有华氏温标、摄氏温标、热力学温标和国际实用温标。

摄氏温标规定：在标准大气压下，冰的融点为 0 度，水的沸点为 100 度，中间划分 100 等份，每等份为摄氏 1 度，符号为℃。

华氏温标规定：在标准大气压下，冰的融点为 32 度，水的沸点为 212 度，中间划分 180 等份，每等份为华氏 1 度，符号为℉。

摄氏温度值 t 和华氏温度值 t_F 有如下关系：

$$t=\frac{5}{6}(t_F-32)℃$$

热力学温标又称开尔文温标，它规定分子运动停止时的温度为绝对零度，符号为 K。

国际实用温标是一个国际协议性温标，它与热力学温标相接近，而且复现精度高，使用方便。国际计量委员会在 18 届国际计量大会第七号决议授权 1989 年会议通过了 1990 年国际温标——ITS-90，我国自 1994 年 1 月 1 日起全面实施 ITS-90 国际温标。

13.1.2 温度测量仪表的分类

温度测量仪表按测温方式可分为接触式和非接触式两大类。接触式测温仪表比较简单、可靠，测量精度较高，但因测温元件与被测介质需要进行充分的热交换，所以需要一定的时间才能达到热平衡，存在测温的延迟现象。同时，受耐高温材料的限制，不能应用于很高的温度测量。非接触式仪表测温是通过热辐射原理来测量温度的，测温元件不需要与被测介质接触，测温范围广，不受测温上限的限制，也不会破坏被测介质的温度场，反应速度一般也比较快，但是会受到物体的发射率、测量距离、烟尘和水汽等外界因素的影响，其测量误差较大。

常用测温仪表的种类及优缺点见表 13-1。

表 13-1 常用测温仪表种类及优缺点

测温方式	温度计种类		常用测温范围/℃	优　点	缺　点
非接触式测温仪表	辐射式	辐射式	400～2000	测温时不破坏被测温度场	低温段测量不准，环境条件会影响测温准确度
		光学式	700～3200		
		比色式	900～1700		
	红外线	热敏探测	−50～3200	测温时不破坏被测温度场，响应快，测温范围大	易受外界干扰
		光电探测	0～3500		
		热电探测	200～2000		

续表

测温方式	温度计种类		常用测温范围/℃	优点	缺点
接触式测温仪表	膨胀式	玻璃液体	−50～600	结构简单，使用方便，测量准确，价格低廉	测量上限和精度受玻璃质量的限制，易碎，不能记录和远传
		双金属	−80～600	结构紧凑，牢固可靠	精度低，量程和使用范围有限
	压力式	液体 气体 蒸汽	−30～600 −20～350 0～250	耐振，坚固，防爆，价格低廉	精度低，测温距离短，滞后大
	热电偶	铂铑-铂 镍铬-镍硅 镍铬-康铜	0～1600 0～900 0～600	测温范围广，精度高，便于远距离、多点、集中测量和自动控制	需要冷端温度补偿，在低温段测量精度较低
	热电阻	铂 铜 热敏	−200～500 −50～150 −50～300	测温精度高，便于远距离、多点、集中和自动控制	不能测高温

13.2 双金属温度计安装图

13.2.1 双金属温度计测温原理

双金属温度计中的感温元件是两片线胀系数不同的金属片叠焊在一起制成的。双金属片受热后由于两金属片的膨胀长度不相同而产生弯曲。温度越高产生的线胀长度差越大，因而引起弯曲的角度就越大，一般将双金属片制成螺旋管状，这就是双金属温度计的工作原理。

13.2.2 双金属温度计安装图

双金属温度计安装图如图 13-1～图 13-4 所示。

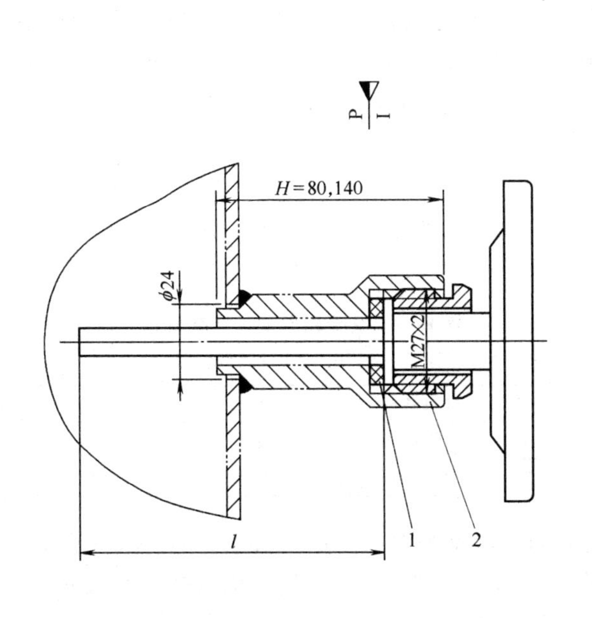

图 13-1 双金属温度计在钢管道、设备上安装图（外螺纹接头）

1—垫片；2—直形连接头

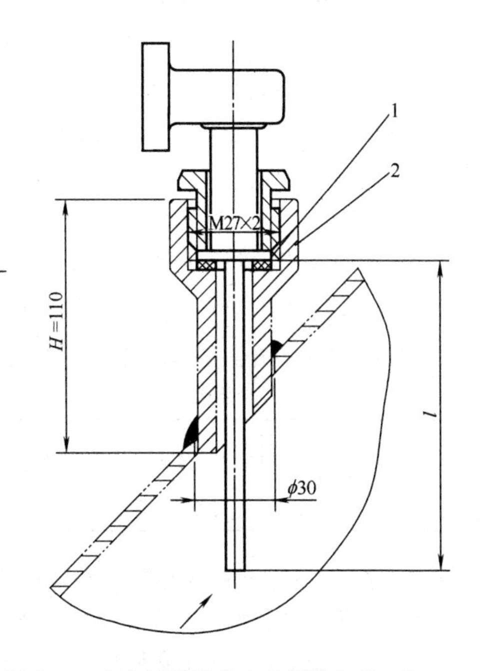

图 13-2 双金属温度计在钢管道上斜 45°安装图（外螺纹接头）

1—垫片；2—45°角连接头

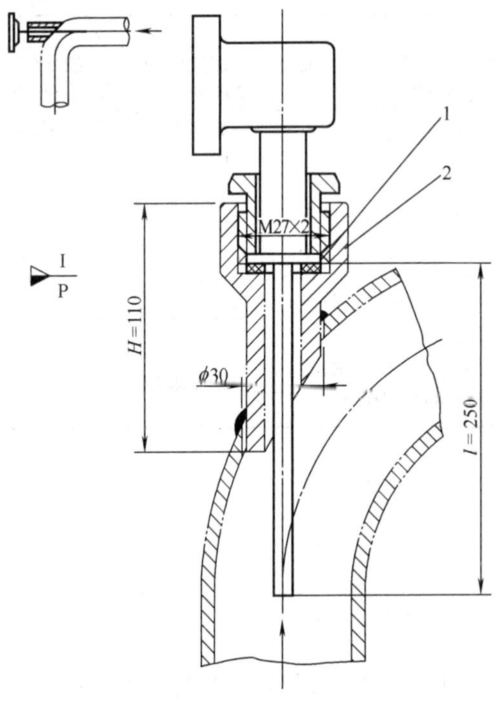

图 13-3　双金属温度计在钢肘管上安装图（外螺纹接头）

1—垫片；2—45°角连接头

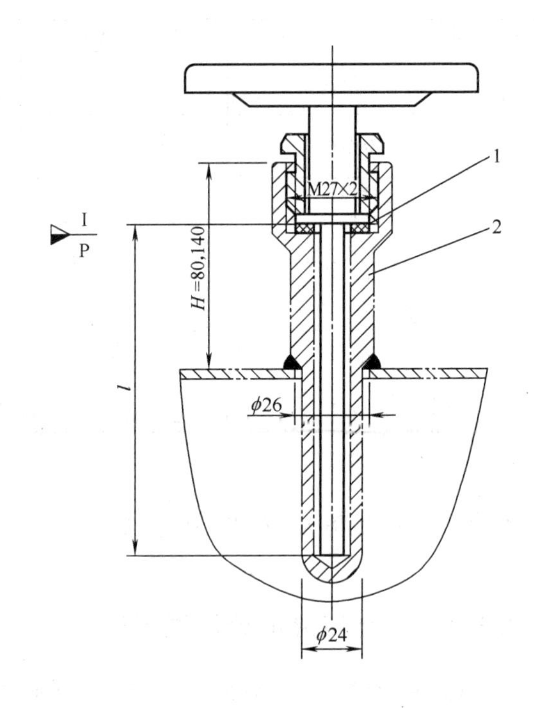

图 13-4　双金属温度计在钢管道上安装图（外螺纹接头）（套管）

1—垫片；2—温度计保护套管

13.2.3　安装材料说明

① 图 13-1 中双金属温度计在钢管道、设备上安装的材料见表 13-2。在图 13-1 中选择垫片的条件是：当被测介质温度小于 350℃，被测介质压力小于 4.0MPa 时，用石棉橡胶；当被测介质温度小于 600℃，被测介质压力小于 6.3MPa 时，用石墨复合垫。接头 $H=140$ 用于带保温层的对象。

② 图 13-2 中双金属温度计在钢管道上斜 45°安装的材料见表 13-3。在图 13-2 中选择垫片的条件是：当被测介质温度小于 350℃，被测介质压力小于 4.0MPa 时，用石棉橡胶；当被测介质温度小于 600℃，被测介质压力小于 6.3MPa 时，用石墨复合垫。

表 13-2　双金属温度计在钢管道、设备上安装的材料

件号	材料名称	材料规格	材质
1	垫片	φ22/14	
2	直形连接头	M27×2	10

表 13-3　双金属温度计在钢管道上斜 45°安装的材料

件号	材料名称	材料规格	材质
1	垫片	φ22/14，$\delta=2$	
2	45°角连接头	M27×2，$H=110$	20

③ 图 13-3 中双金属温度计在钢肘管上安装的材料见表 13-4。在图 13-3 中选择垫片的条件是：当被测介质温度小于 350℃，被测介质压力小于 4.0MPa 时，用石棉橡胶；当被测介质温度小于 600℃，被测介质压力小于 6.3MPa 时，用石墨复合垫。

④ 图 13-4 中双金属温度计在钢管道上安装的材料见表 13-5。在图 13-4 中套管 $H=140$ 用于带保温层的对象。

表 13-4　双金属温度计在钢肘管上安装的材料

件号	材料名称	材料规格	材质
1	垫片	$\phi 22/14$	
2	45°角连接头	M27×2，H=110	10

表 13-5　双金属温度计在钢管道上安装的材料

件号	材料名称	材料规格	材质
1	垫片	$\phi 22/14, \delta=2$	石棉橡胶
2	温度计保护套管	M27×2	10

13.2.4　安装使用注意事项

① 双金属温度计保护管插入被测介质中的长度必须大于感温元件的长度（一般插入长度应大于 100mm，0～50℃量程的插入长度大于 150mm），以保证测量的准确性。

② 双金属温度计在使用和安装时，应避免碰撞保护管，切勿使保护管弯曲变形。

③ 温度计经常工作的温度值在最大量程的 1/2～3/4 处。安装时应夹持六角部分将螺纹旋紧，严禁用旋转表头的方法拧紧螺纹。

④ 当测量或控制 200℃以上介质温度时，除安装接头保证密封外，还需注意热辐射对仪表的影响。仪表正常使用环境温度为－20～＋60℃，超过此温度范围需加保护措施。

13.3　热电偶、热电阻温度计安装图

13.3.1　热电偶、热电阻温度计测温原理

13.3.1.1　热电偶温度计测温原理

热电偶是由两根不同的导体或半导体焊接或绞接而成，焊接的一端称为热电偶的热端（测量端或工作端），和导线连接的一端称为热电偶的冷端（参考端或自由端），组成热电偶的两根导体或半导体称作热电极。把热电偶的热端插入到需要测温的生产设备中，冷端置于生产设备的外面，如果两端所处的温度不同，则在热电偶回路中便会产生热电势，该热电势与热电偶两端的温度有关。如果保持冷端温度不变，则热电势只与热端温度即被测温度有关，由此进行温度测量。

热电偶的结构有四部分：热电极、绝缘管、保护管及接线盒。常用的热电偶有：铂铑 30-铂铑 6（分度号 B）、铂铑 10-铂（分度号 S）、镍铬-镍硅（分度号 K）、镍铬-康铜（分度号 E）及铁-康铜（分度号 T）等。热电偶的结构类型有：普通型热电偶和铠装热电偶（即套管热电偶）。

13.3.1.2　热电阻温度计测温原理

导体或半导体的电阻值都有随温度变化的性质，通过测量电阻值来测量温度，这就是热电阻的测温原理。

热电阻是由以下几个部分构成的：电阻丝、支架、绝缘管、保护管以及接线盒。常用的热电阻有铂电阻（分度号 Pt10、Pt100）和铜电阻（分度号 Cu50、Cu100）。

13.3.2　热电偶、热电阻温度计安装图

热电偶、热电阻温度计安装图如图 13-5～图 13-13 所示。

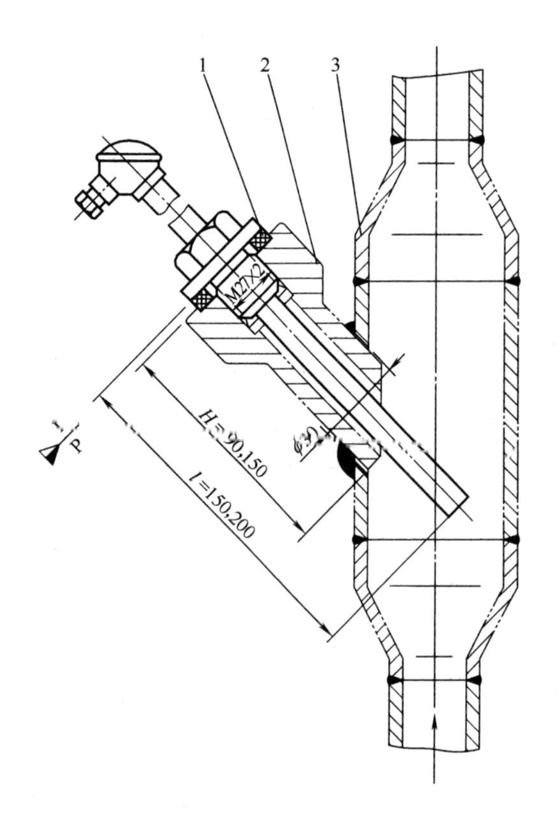

图 13-5　热电偶、热电阻在耐酸钢扩大管上安装图

1—垫片；2—45°角连接头；3—温度计扩大管

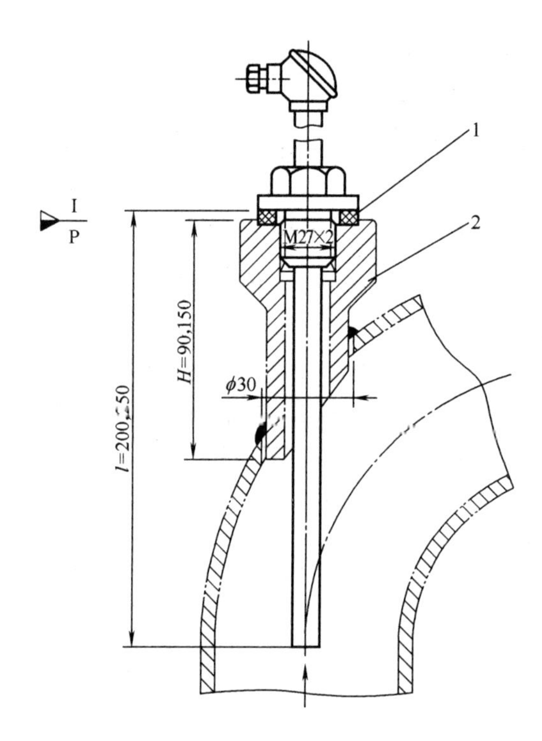

图 13-6　热电偶、热电阻在钢肘管上安装图

1—垫片；2—45°角连接头

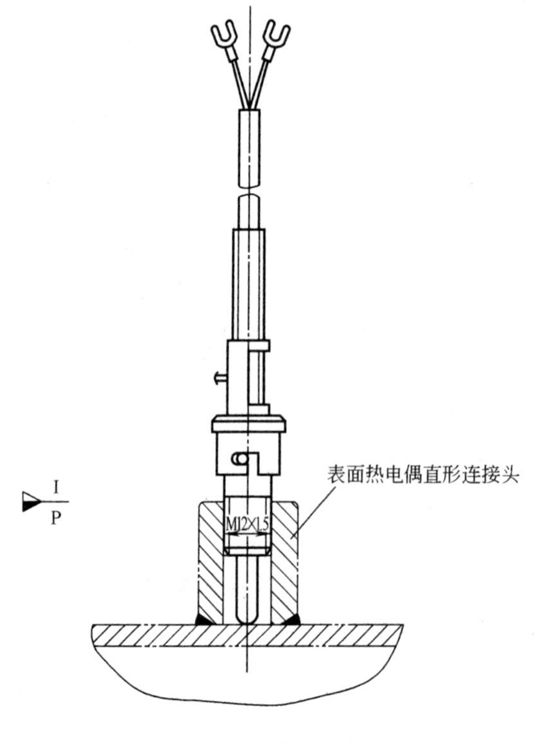

图 13-7　表面热电偶安装图

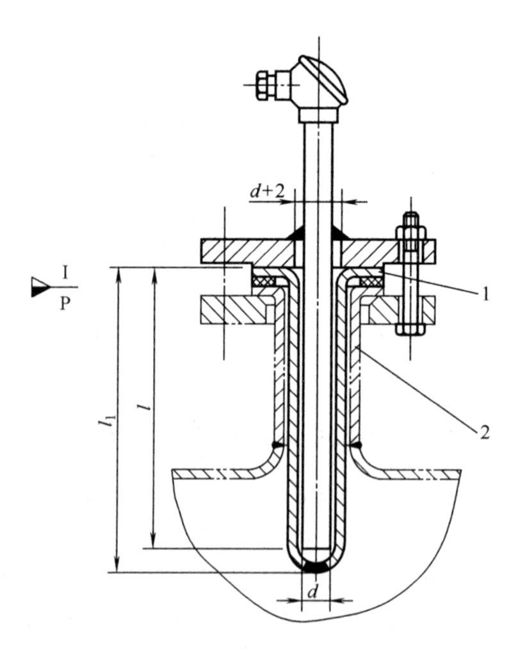

图 13-8　用翻边松套法兰固定的热电偶、热电阻在铝管道上安装图

1—铝保护套管；2—翻边松套法兰接管

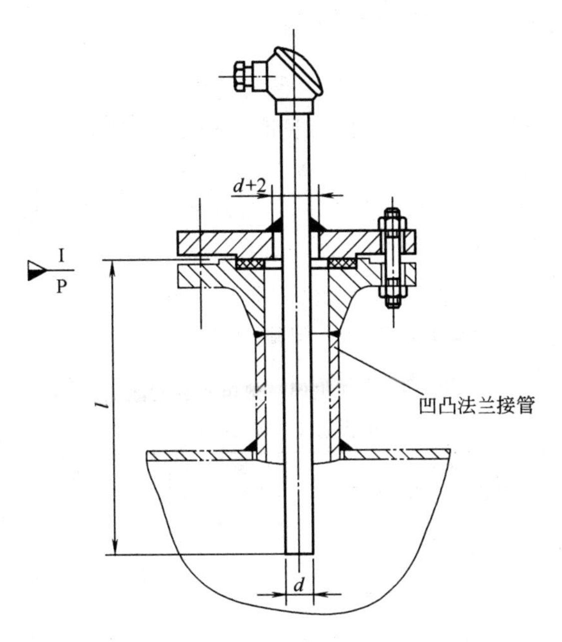

图 13-9　用凹凸法兰固定的热电偶、热电阻在钢管道、设备上安装图

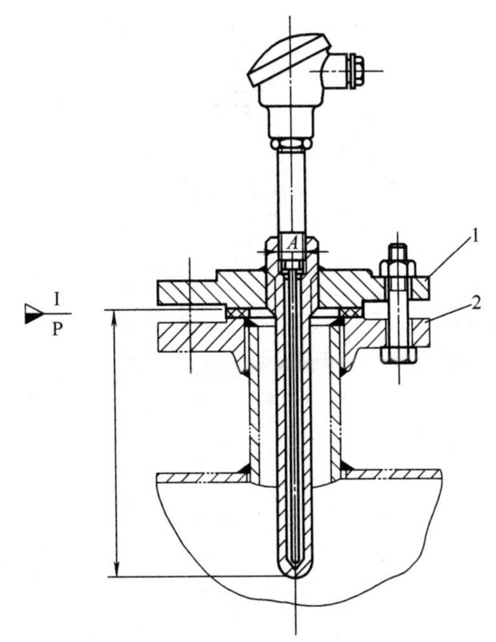

图 13-10　用钻孔保护管的铠装热电偶、热电阻在钢管道上安装图

1—固定法兰形钻孔保护管；2—突面法兰接管

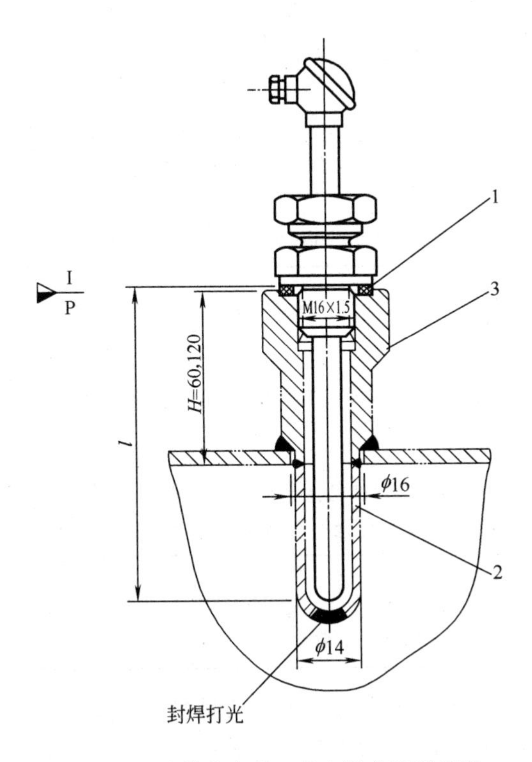

图 13-11　铠装热电偶、热电阻在耐酸管道、设备上安装图

1—垫片；2—套管；3—直形连接头

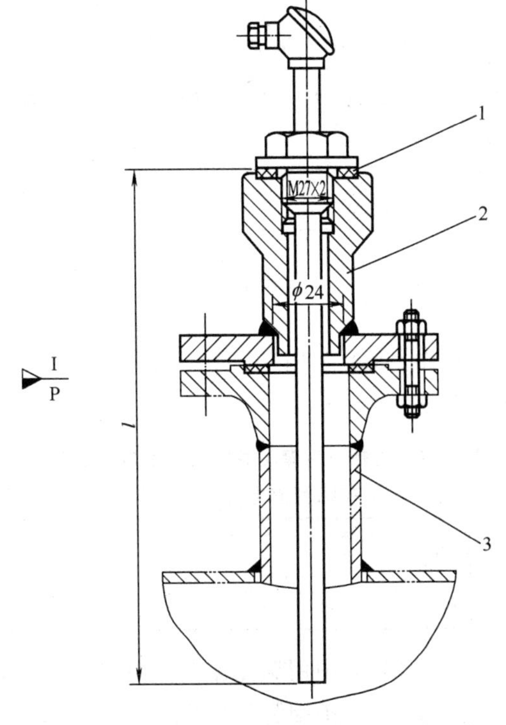

图 13-12　用凹凸法兰带接头固定的热电偶、热电阻在钢管道、设备上安装图

1—垫片；2—直形连接头；3—凹凸法兰接管

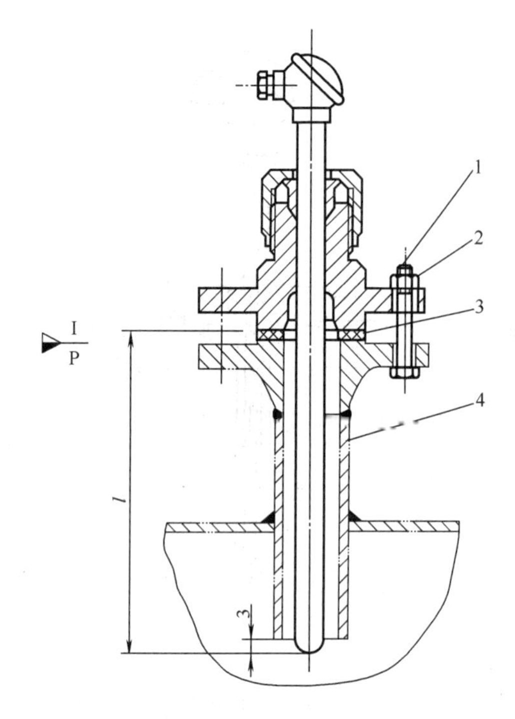

图 13-13 铠装热电偶、热电阻在钢管道、设备上安装图

1—螺栓；2—螺母；3—垫片；4—铠装热电偶用法兰接管

13.3.3 安装材料说明

① 图 13-5 中热电偶、热电阻在耐酸钢扩大管上的安装的材料见表 13-6。在图 13-5 中选用垫片的条件是：被测温度低于 350℃，压力低于 4.0MPa 时，用石棉橡胶；被测温度低于 600℃，压力低于 6.3MPa 时，用石墨复合垫；被测温度低于 200℃，压力低于 4.0MPa，且为腐蚀性介质时，用氟塑料。

表 13-6 热电偶、热电阻在耐酸钢扩大管上安装的材料

件号	材料名称	材料规格	材质
1	垫片	ϕ43/30	
2	45°角连接头	M27×2	耐酸钢(S. S.)
3	温度计扩大管	PN6.3	耐酸钢(S. S.)

② 图 13-6 热电偶、热电阻在钢肘管上安装的材料见表 13-7。在图 13-6 中选用垫片的条件是：被测温度低于 350℃，压力低于 4.0MPa 时，用石棉橡胶；被测温度低于 600℃，压力低于 6.3MPa 时，用石墨复合垫。

③ 图 13-7 中表面热电偶安装的材料见表 13-8。

表 13-7 热电偶、热电阻在钢肘管上安装的材料

件号	材料名称	材料规格	材质
1	垫片	ϕ43/30	
2	45°角连接头	M27×2	20

表 13-8 表面热电偶安装的材料

件号	材料名称	材料规格	材质
1	表面热电偶直形连接头	M12×1.5	10

④ 图 13-8 中用翻边松套法兰固定的热电偶、热电阻在铝管道上安装的材料见表 13-9。

⑤ 图 13-9 中用凹凸法兰固定的热电偶、热电阻在钢管道、设备上安装的材料见表 13-10。

表 13-9 用翻边松套法兰固定的热电偶、热电阻在铝管道上安装的材料

件号	材料名称	材料规格	材质
1	铝保护套管		铝
2	翻边松套法兰接管		

表 13-10 用凹凸法兰固定的热电偶、热电阻在钢管道、设备上安装的材料

件号	材料名称	材料规格	材质
1	凹凸法兰接管		

⑥ 图 13-10 中用钻孔保护管的铠装热电偶、热电阻在钢管道上安装的材料见表 13-11。

⑦ 图 13-11 中铠装热电偶、热电阻在耐酸管道、设备上安装的材料见表 13-12。在图 13-11 中垫片的选用条件：被测温度低于 350℃，用石棉橡胶；被测温度低于 600℃，用石墨复合垫。

表 13-11 用钻孔保护管的铠装热电偶、热电阻在钢管道上安装的材料

件号	材料名称	材料规格	材质
1	固定法兰形钻孔保护管		20
2	突面法兰接管		

表 13-12 铠装热电偶、热电阻在耐酸管道、设备上安装的材料

件号	材料名称	材料规格	材质
1	垫片	ϕ32/18	
2	套管	ϕ14/2	耐酸钢(S. S.)
3	直形连接头	M16×1.5	耐酸钢(S. S.)

⑧ 图 13-12 中用凹凸法兰带接头固定的热电偶、热电阻在钢管道、设备上的安装的材料见表 13-13。

⑨ 图 13-13 中铠装热电偶、热电阻在钢管道、设备上的安装的材料见表 13-14。

表 13-13 用凹凸法兰带接头固定的热电偶、热电阻在钢管道、设备上的安装的材料

件号	材料名称	材料规格	材质
1	垫片	ϕ43/30,δ=1.5	石墨复合垫
2	直形连接头	M27×2,H=60	20
3	凹凸法兰接管		

表 13-14 铠装热电偶、热电阻在钢管道、设备上的安装的材料

件号	材料名称	材料规格	材质
1	螺栓	M8×45	碳钢(C. S)
2	螺母	M8	碳钢(C. S)
3	垫片	ϕ25/10,δ=2	石棉橡胶
4	铠装热电偶用法兰接管		20

13.3.4 安装使用注意事项

① 按照被测介质的特性及操作条件，选用合适材质、厚度及结构的保护套管和垫片。

② 热电偶安装的地点、深度、方向和接线应符合测量技术的要求。

③ 热电偶与补偿导线接头处的环境温度最高不应超过 100℃。

④ 使用于 0℃以下的热电偶，应在其接线座下灌蜡密封，使其与外界隔绝。

⑤ 热电偶、热电阻式温度计在 DN<80mm 的管道上安装时可以采用扩大管。

⑥ 在肘管上安装温度计，安装时必须使温度计轴线与肘管直管段的中心线重合。

⑦ 安装方式

a. 直形连接头：直插。

b. 45°角连接头：斜插。

c. 法兰：直插。

d. 高压套管（有固定套管和可换套管）。

14 识读压力测量仪表安装图

14.1 压力表及压力变送器

14.1.1 测量原理

在工业生产过程中，压力是重要参数之一，为了保证生产始终处于优质、高产、安全、低耗，以获得最好的技术经济指标，必须对压力进行监测和控制。这里所说的压力，实际上是物理概念中的压强，即垂直作用在单位面积上的力。在压力测量中，常有绝对压力、表压力、负压力和真空度之分。所谓绝对压力是指被测介质作用在容器单位面积上的全部压力，用符号 p_j 表示。用来测量绝对压力的仪表称为绝对压力表。地面上的空气柱所产生的平均压力，用符号 p_q 表示。用来测量大气气压的仪表称为气压表。绝对压力与大气压力之差，称为表压力，用符号 p_b 表示。即有 $p_b=p_j-p_q$。当绝对压力值小于大气压力值时，表压力均为负值（即负压力），此负压力值的绝对值，称为真空度，用符号 p_z 表示。用来测量真空度的仪表称为真空表。既能测量压力值又能测量真空度的仪表称为压力真空表。

按压力测量原理压力测量仪表可分为液柱式、弹性式、电阻式、电容式、电感式和振频式等。压力计测量压力范围宽，可以从超真空如 133×10^{-13}MPa 到超高压 280MPa。压力计从结构上可分为实验室型和工业应用型。

（1）就地压力指示仪表　当压力从 2.6kPa 到 69MPa 时，可采用膜片式压力表、波纹管式压力表和波登管式压力表。如进行接近大气压的低压检测时，可用膜片式压力表或波纹管式压力表。

（2）远距离压力显示仪表　如果需要进行远距离压力显示，一般用气动或电动压力变送器。当压力范围为 140～280MPa 时，应采用高压压力传感器，进行高真空测量时可采用热电真空计。

（3）多点压力测量　进行多点压力测量时，可采用巡回压力检测仪。若被测压力达到极限值需要报警时，则应选用附带报警装置的各类压力计。

14.1.2 压力表的选用

14.1.2.1 量程选择

在测稳定压力时，一般压力表最大量程选择在接近或大于正常压力测量值的 1.5 倍；在测量脉动压力时，一般压力表最大量程选择在接近或大于正常压力测量值的 2 倍；在测机泵出口压力时，一般压力表最大量程选择接近机泵出口最大压力值；在测量高压压力时，一般压力表最大量程应大于最大压力测量值的 1.7 倍。为了保证压力测量精度，最小压力测量值应高于压力表测量量程的 1/3。

14.1.2.2 精度选择

根据生产允许的最大测量误差，以经济、实惠的原则确定仪表的精度等级。一般工业用压力表1.5级或2.5级已足够，科研或精密测量用0.5级或0.35级的精密压力计或标准压力表。

14.1.2.3 仪表种类和型号的选择

仪表种类和型号要根据工艺要求、介质性质及现场环境等因素来确定。如是仅需要就地显示，还是要求远传；仅需指示，还是要求记录；仅需报警，还是要求自动调节；介质的物理、化学性质（如温度、黏度、脏污程度、腐蚀性、是否易燃易爆等）如何；现场环境条件（如温度、湿度、有无振动、有无腐蚀性等）怎样等。对于氧、氨、乙炔等介质，则应选用专用压力表。

14.1.2.4 压力表外形尺寸的选择

现场就地指示的压力表一般表面直径为ϕ100mm，在标准较高或照明条件差的场合用表面直径为ϕ200～250mm的压力表，盘装压力表直径为ϕ150mm，或用矩形压力表。

14.2 常用压力表及压力变送器的安装

14.2.1 压力表的安装

常用压力表测量管路连接图如图14-1～图14-6所示。

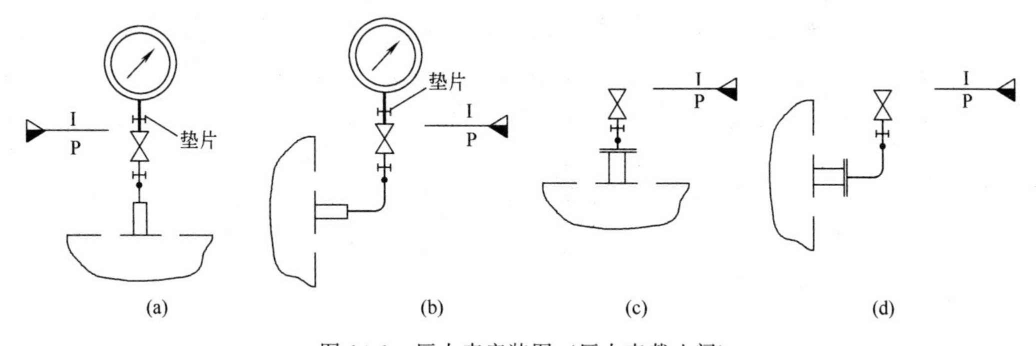

图14-1 压力表安装图（压力表截止阀）

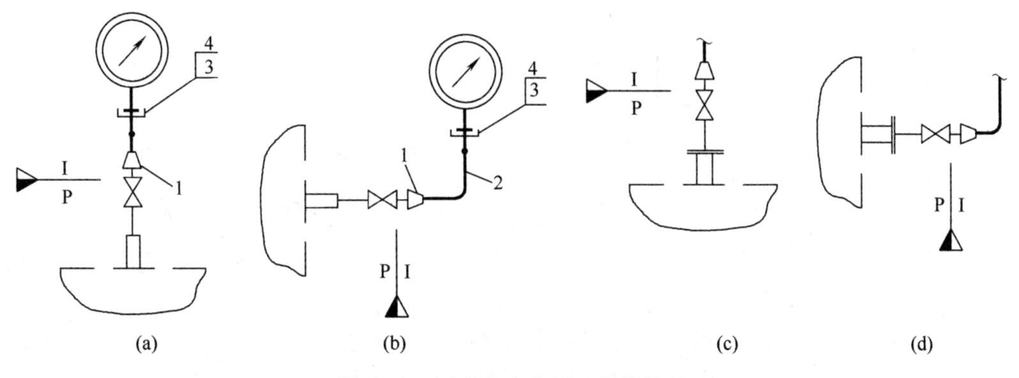

图14-2 压力表安装图（无排放阀）

1—对焊式异径活接头；2—无缝钢管；3—对焊式压力表接头；4—垫片

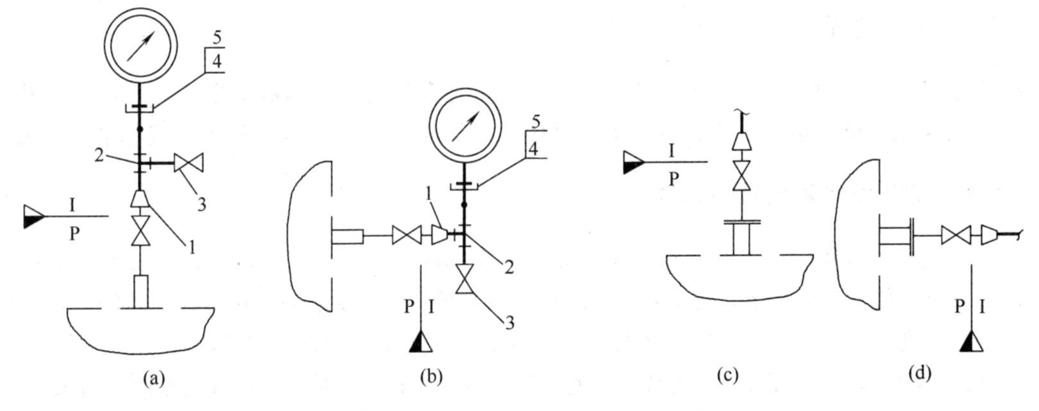

图 14-3　压力表安装图（带排放阀）

1—对焊式异径活接头；2—对焊式三通接头；3—外螺纹截止阀；4—对焊式压力表接头；5—垫片

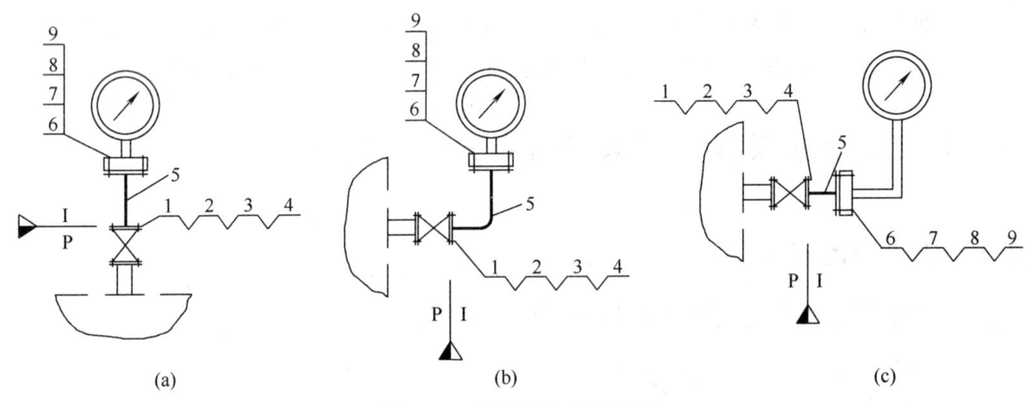

图 14-4　隔膜压力表安装图

1，7—垫片；2，6—法兰；3，8—螺栓；4，9—螺母；5—无缝钢管

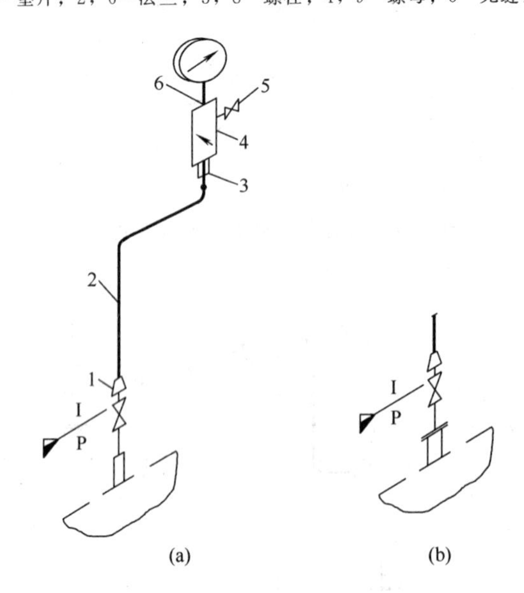

图 14-5　压力表引远安装图（二阀组）

1—对焊式异径活接头；2—无缝钢管；3—对焊式直通终端接头；4—二阀组；5—排放阀；6—垫片

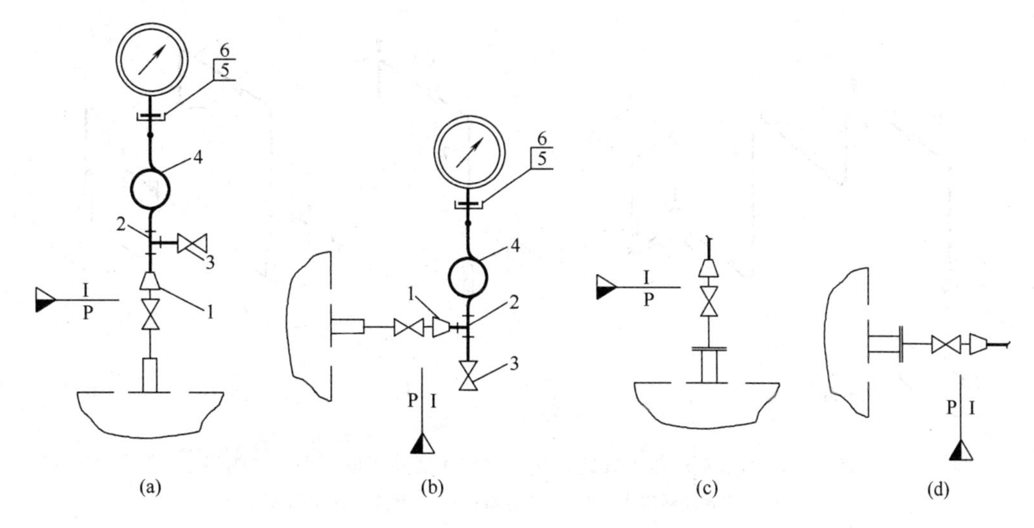

图 14-6　带冷凝管压力表安装图（带排放阀）

1—对焊式异径活接头；2—对焊式三通接头；3—外螺纹截止阀、外螺纹球阀；4—冷凝圈；5—对焊式压力表接头；6—垫片

14.2.2　压力（差压）变送器的安装

压力变送器管路连接图如图 14-7～图 14-14 所示，其中，图 14-14 为哑图。哑图是与其他相关安装图配套的安装图，材料表中未标注的材料规格和材质由与之配套的相关资料给出。

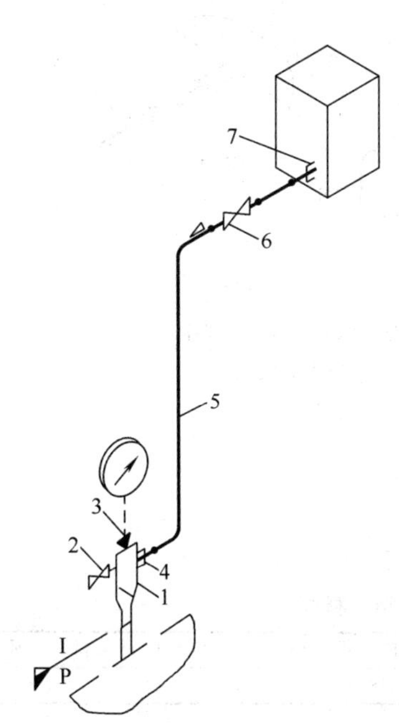

图 14-7　测量气体压力管路连接图（变送器高于取压点，螺纹式多路阀）

1—多路截止阀、多路闸阀；2—排放阀；3—堵头；4，7—对焊式直通终端接头；5—无缝钢管；6—外螺纹截止阀

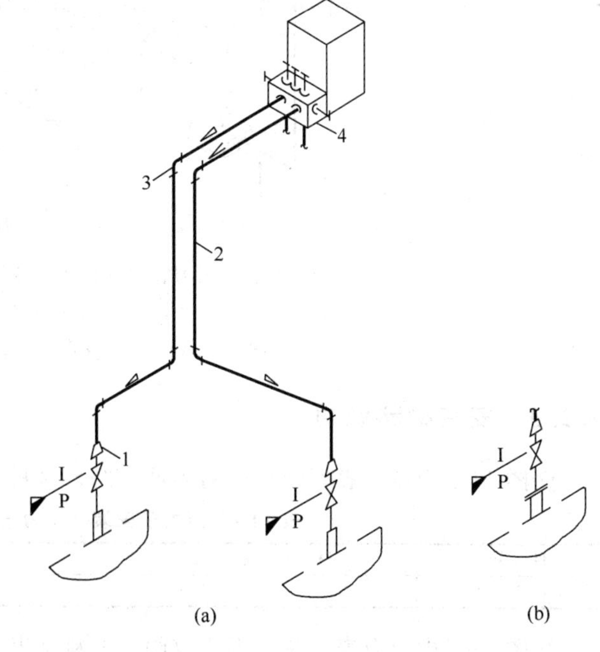

图 14-8　测量气体压差管路连接图（五阀组）

1—承插焊异径短节；2—无缝钢管；3—承插焊 90°弯通接头；4—五阀组

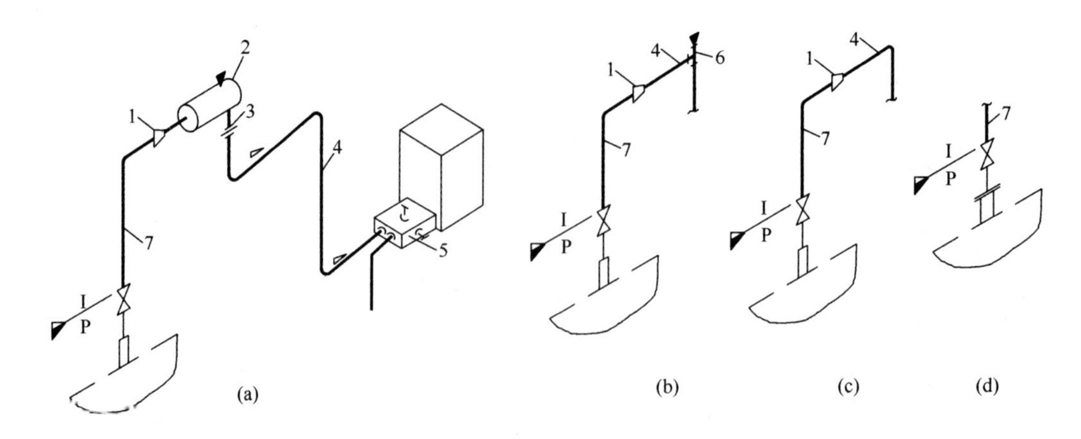

图 14-9　测量蒸汽压力管路连接图（变送器高于取压点，二阀组）

1—卡套式异径活接头；2—冷凝容器；3—卡套式直通中间接头；

4，7—无缝钢管；5—二阀组；6—卡套式三通接头

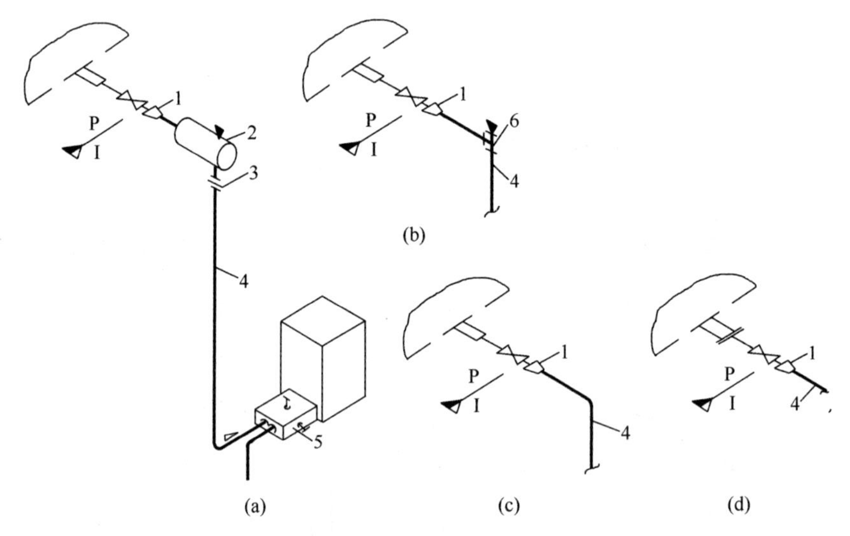

图 14-10　测量蒸汽压力管路连接图（变送器低于取压点，二阀组）

1—对焊式异径活接头；2—冷凝容器；3—对焊式直通中间接头；

4—无缝钢管；5—二阀组；6—对焊式三通接头

14.2.3　安装材料说明

① 图 14-1 中压力表安装（压力表截止阀）材料见表 14-1。

表 14-1　压力表安装（压力表截止阀）**材料**

件　号	材　料　名　称	材　料　规　格	材　　质
1	垫片	ϕ18/8,δ=2	LF2

② 图 14-2 中压力表安装（无排放阀）材料见表 14-2。

表 14-2　压力表安装（无排放阀）**材料**

件号	材料名称	材料规格	材质	件号	材料名称	材料规格	材质
1	对焊式异径活接头	PN16,ϕ22/ϕ14	C. S	3	对焊式压力表接头	PN16,M20×1.5/ϕ14	C. S
2	无缝钢管	ϕ14×3	20	4	垫片	ϕ18/8,δ=2	LF2

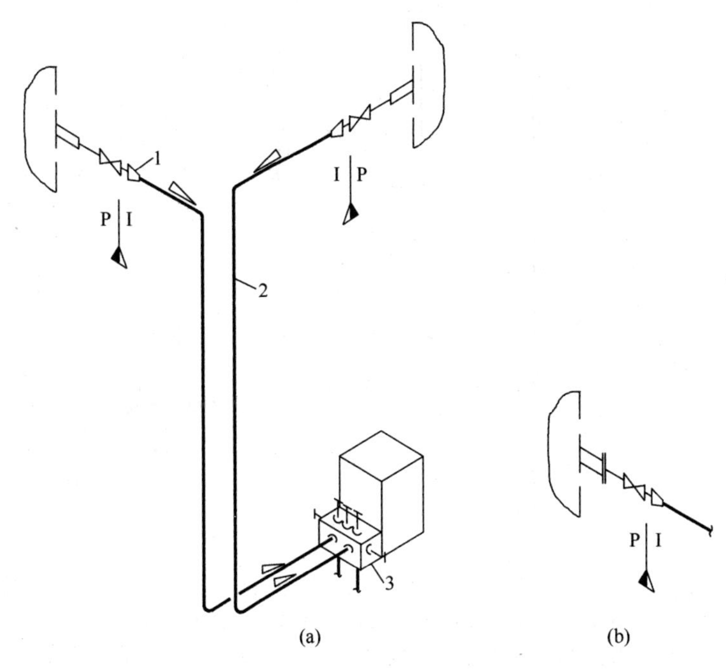

图 14-11　测量液体压差管路连接图（五阀组）

1—对焊式异径活接头；2—无缝钢管；3—五阀组

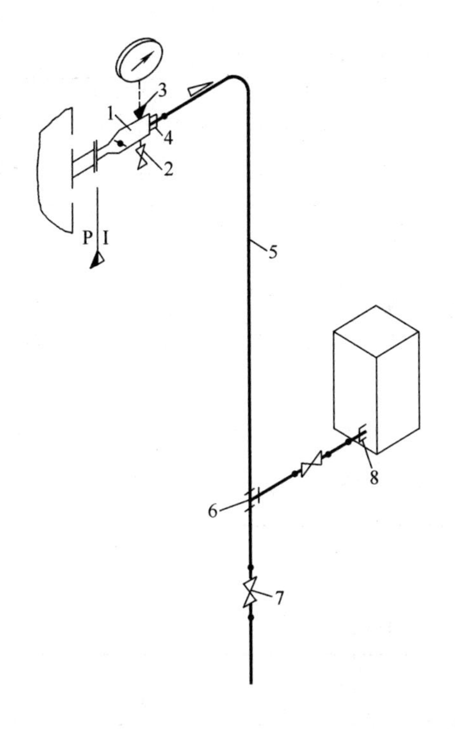

图 14-12　测量液体压力管路连接图（变送器低于取压点，法兰式多路阀）

1—多路截止阀、多路闸阀；2—排放阀；3—堵头；4，8—对焊式直通终端接头；5—无缝钢管；6—对焊式三通接头；7—外螺纹截止阀、外螺纹球阀

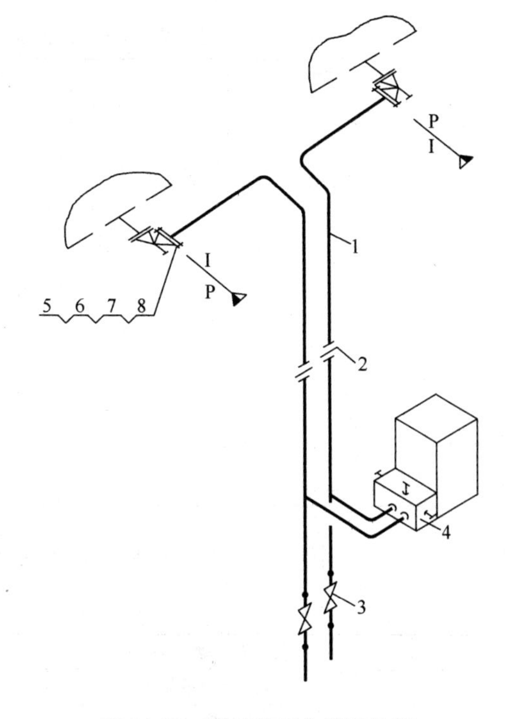

图 14-13　测量高压介质压差管路连接图（三阀组）

1—无缝钢管；2—高压活接头；3—外螺纹截止阀；4—三阀组；5—螺纹法兰；6—透镜垫；7—双头螺柱；8—螺母

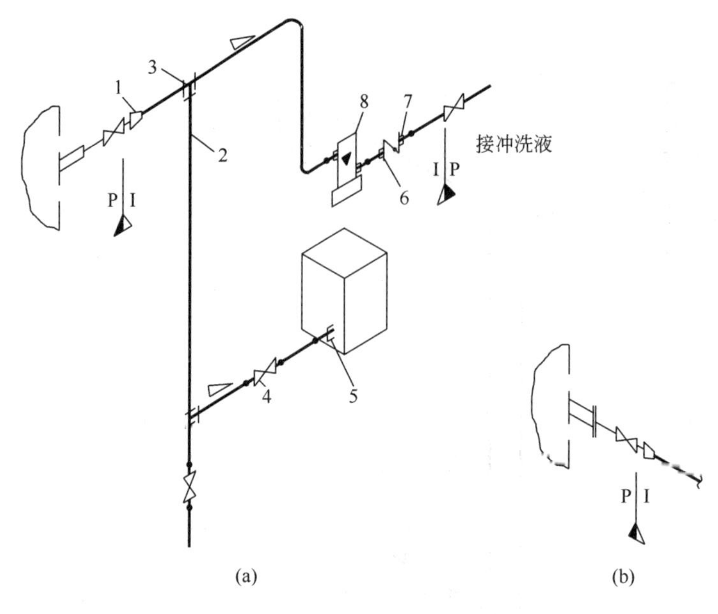

图 14-14 冲液法测量压力管路连接图（流量控制器）

1—对焊式异径活接头；2—无缝钢管；3—对焊式三通接头；4—外螺纹截止阀；5，7—对焊式直通终端接头；6—内螺纹止回阀；8—金属转子流量计

③ 图 14-3 中压力表安装（带排放阀）材料见表 14-3。

表 14-3 压力表安装（带排放阀）材料

件号	材料名称	材料规格	材质	件号	材料名称	材料规格	材质
1	对焊式异径活接头	PN16，ϕ22/ϕ14	C. S	4	对焊式压力表接头	PN16，M20×1.5/ϕ14	C. S
2	对焊式三通接头	PN16，ϕ14	C. S	5	垫片	ϕ18/8，δ=2	LF2
3	外螺纹截止阀	PN16，DN10，ϕ14/ϕ14	C. S				

④ 图 14-4 中隔膜压力表安装材料见表 14-4。

表 14-4 隔膜压力表安装材料

件号	材料名称	材料规格	材质	件号	材料名称	材料规格	材质
1	垫片	ϕ18/8，δ=2	LF2	6	法兰		
2	法兰	PN32，DN6		7	垫片	ϕ18/8，δ=2	LF2
3	螺栓			8	螺栓		
4	螺母			9	螺母	M18×4	25
5	无缝钢管		20				

⑤ 图 14-5 中压力表引远安装材料见表 14-5。

表 14-5 压力表引远安装材料

件号	材 料 名 称	材 料 规 格	材质
1	对焊式异径活接头	PN16，ϕ22/ϕ14	C. S
2	无缝钢管	ϕ14×3	20
3	对焊式直通终端接头	PN16，ϕ14/ZG1/2″	C. S
4	二阀组	PN15，DN15，ZG1/2″(F)/2×M20×1.5	C. S
5	排放阀		C. S
6	垫片	ϕ18/8，δ=2	LF2

⑥ 图 14-6 中带冷凝管压力表安装材料见表 14-6。

表 14-6　带冷凝管压力表安装材料

件号	材料名称	材料规格	材质	件号	材料名称	材料规格	材质
1	对焊式异径活接头	PN6.3,ϕ22/ϕ14	C.S	4	外螺纹球阀	PN6.3,DN10,ϕ14/ϕ14	C.S
2	对焊式三通接头	PN6.3,ϕ14	C.S	5	对焊式压力表接头	PN6.3,M20×1.5/ϕ14	C.S
3	外螺纹截止阀	PN6.3,DN10,ϕ14/ϕ14	C.S	6	垫片	ϕ18/8,δ=2	石棉橡胶

⑦ 图 14-7 中测量气体压力管路连接（变送器高于取压点，螺纹式多路阀）材料见表 14-7。

表 14-7　测量气体压力管路连接（变送器高于取压点，螺纹式多路阀）**材料**

件号	材　料　名　称	材　料　规　格	材质
1	多路截止阀	PN16,DN15,ZG1/2″(M)/3×ZG1/2″(F)	C.S
	多路闸阀	PN16,DN15,ZG1/2″(M)/3×ZG1/2″(F)	C.S
2	排放阀		
3	堵头	ZG1/2″	C.S
4	对焊式直通终端接头	PN16,ZG1/2″/ϕ14	C.S
5	无缝钢管	ϕ14×3	20
6	外螺纹截止阀	PN16,DN10,ϕ14/ϕ14	C.S
7	对焊式直通终端接头	PN16,1/2″NPT/ϕ14	C.S

⑧ 图 14-8 中测量气体压差管路连接（五阀组）材料见表 14-8。

表 14-8　测量气体压差管路连接（五阀组）**材料**

件号	材料名称	材料规格	材质	件号	材料名称	材料规格	材质
1	承插焊异径短节	PN16,ϕ22/S.W ϕ18	C.S	3	承插焊 90°弯通接头	PN16,ϕ18	C.S
2	无缝钢管	ϕ18×4	C.S	4	五阀组	PN16,DN5	C.S

⑨ 图 14-9 中测量蒸汽压力管路连接（变送器高于取压点，二阀组）材料见表 14-9。

表 14-9　测量蒸汽压力管路连接（变送器高于取压点，二阀组）**材料**

件号	材料名称	材料规格	材质	件号	材料名称	材料规格	材质
1	卡套式异径活接头	PN6.3,ϕ22/F.T ϕ14	C.S	5	二阀组	PN16,DN5	C.S
2	冷凝容器	PN6.3,DN100,ϕ14	C.S	6	卡套式三通接头	PN6.3,ϕ14	C.S
3	卡套式直通中间接头	PN6.3,ϕ14	C.S	7	无缝钢管	ϕ22×3	20
4	无缝钢管	ϕ14×2	20				

⑩ 图 14-10 中测量蒸汽压力管路连接（变送器低于取压点，二阀组）材料见表 14-10。

表 14-10　测量蒸汽压力管路连接（变送器低于取压点，二阀组）**材料**

件号	材料名称	材料规格	材质	件号	材料名称	材料规格	材质
1	对焊式异径活接头	PN6.3,ϕ22/ϕ14	C.S	4	无缝钢管	ϕ14×2	20
2	冷凝容器	PN6.3,DN100,ϕ14	20	5	二阀组	PN16,DN5	C.S
3	对焊式直通中间接头	PN6.3,ϕ14	C.S	6	对焊式三通接头	PN6.3,ϕ14	C.S

⑪ 图 14-11 中测量液体压差管路连接（五阀组）材料见表 14-11。

表 14-11　测量液体压差管路连接（五阀组）**材料**

件号	材料名称	材料规格	材质	件号	材料名称	材料规格	材质
1	对焊式异径活接头	PN16,ϕ22/ϕ14	C.S	3	五阀组	PN16,DN5	C.S
2	无缝钢管	ϕ14×3	20				

⑫ 图 14-12 中测量液体压力管路连接（变送器低于取压点，法兰式多路阀）材料见表 14-12。

表 14-12　测量液体压力管路连接（变送器低于取压点，法兰式多路阀）材料

件号	材料名称	材料规格	材质
1	多路截止阀	PN6.3,DN15,出口 3×ZG1/2″(F)入口法兰	C.S
	多路闸阀	PN6.3,DN15,出口 3×ZG1/2″(F)入口法兰	C.S
2	排放阀		C.S
3	堵头	ZG1/2″	C.S
4	对焊式直通终端接头	PN6.3,ZG1/2″/ϕ14	C.S
5	无缝钢管	ϕ14×2	20
6	对焊式三通接头	PN6.3,ϕ14	C.S
7	外螺纹截止阀	PN6.3,DN100,ϕ14/ϕ14	C.S
	外螺纹球阀	PN6.3,DN100,ϕ14/ϕ14	C.S
8	对焊式直通终端接头	PN6.3,1/2″NPT/ϕ14/ϕ14	C.S

⑬ 图 14-13 中测量高压介质压差管路连接（三阀组）材料见表 14-13。

表 14-13　测量高压介质压差管路连接（三阀组）材料

件号	材料名称	材料规格	材质	件号	材料名称	材料规格	材质
1	无缝钢管	ϕ14×4	20	5	螺纹法兰	PN32,DN6	35
2	高压活接头	PN32,DN6,ϕ14	C.S	6	透镜垫	PN32,DN6	20
3	外螺纹截止阀	PN32,DN5,ϕ14/ϕ14	C.S	7	双头螺柱	M14×2,L=80	40
4	三阀组	PN32,DN5	C.S	8	螺母	M14×2	25

⑭ 图 14-14 中冲液法测量压力管路连接（流量控制器）材料见表 14-14。

表 14-14　冲液法测量压力管路连接（流量控制器）材料

件号	材料名称	材料规格	材质	件号	材料名称	材料规格	材质
1	对焊式异径活接头	PN6.3,ϕ22/ϕ14	C.S	5	对焊式直通终端接头	PN6.3,1/2″NPT/ϕ14	C.S
2	无缝钢管	ϕ14×2	20	6	内螺纹止回阀	PN6.3,DN15,G1/2″	C.S
3	对焊式三通接头	PN6.3,ϕ14	C.S	7	对焊式直通终端接头	PN6.3,G1/2″/ϕ14	C.S
4	外螺纹截止阀	PN6.3,DN10,ϕ14/ϕ14	C.S	8	金属转子流量计		

14.3　安装使用注意事项

一块合格的压力表能否在现场正常运行，与其安装是否正确关系极大，它包含了压力取源部件的安装、压力管路连接方式等内容。

14.3.1　压力取源部件安装

14.3.1.1　安装条件

压力取源部件有两类：一类是取压短节，也就是一段短管，用来焊接管道上的取压点和取压阀门；另一类是外螺纹短节，即一端有外螺纹，一端没有螺纹。在管道上确定取压点后，把没有螺纹的一端焊在管道上的压力点，有螺纹的一端便直接拧上内螺纹截止阀（一次阀）即可。

不管采用哪一种形式取压，压力取源部件的安装必须符合下列条件。

① 取压部件的安装位置应选在介质流速稳定的地方。

② 压力取源部件与温度取源部件在同一管段上时，压力取源部件应在温度取源部件的上游侧。

③ 压力取源部件在施焊时要注意端部不能超出工艺设备或工艺管道的内壁。

④ 测量带有灰尘、固体颗粒或沉淀物等浑浊介质的压力时，取源部件应倾斜向上安装，在水平工艺管道上应顺流束成锐角安装。

⑤ 当测量温度高于60℃的液体、蒸汽或可凝性气体的压力时，就地安装压力表的取源部件应加装环形弯或U形冷凝弯。

14.3.1.2 取压口的方位

① 就地安装的压力表在水平管道上的取压口一般在顶部或侧面。

② 引至变送器的导压管，其在水平管道上的取压口方位要求如下：流体为气体时，在管道的上半部；流体为液体时，在管道的下半部，与管道截面水平中心线成45°夹角范围内；流体为蒸汽时，在管道的上半部及下半部，与管道截面水平中心线成45°夹角范围内。

14.3.1.3 导压管管路

安装压力变送器的导压管应尽可能地短，并且弯头尽可能地少。

导压管管径的选择：就地压力表一般选用$\phi18\times3$或$\phi14\times2$的无缝钢管，压力表环形弯或冷凝弯优先选用$\phi18\times3$，引远的导压管通常选用$\phi14\times2$无缝钢管，压力高于22MPa的高压管道应采用$\phi14\times4$或$\phi14\times5$优质无缝钢管，在压力低于16MPa的管道上，导压管有时也采用$\phi18\times3$，对于低压或微压的粉尘气体，常采用1″[❶]水煤气管作为导压管。

导压管水平敷设时必须要有一定的坡度。一般情况下，要保持(1∶10)～(1∶20)的坡度，在特殊情况下坡度可达1∶50。管内介质为气体时，在管路的最低位置要有排液装置(通常安装排污阀)。管内介质为液体时，在管路的最高点设有排气装置(通常情况下安装一个排气阀，也有的安装气体收集器)。

14.3.1.4 隔离法测量压力

对于腐蚀性、黏稠的介质的压力测量通常采用隔离法。

采用隔离法测量压力的管路中，在管路的最低位置应有排液的装置。灌注隔离液有两种方法：一种是利用压缩空气引至一专用的隔离液罐，从管路最低处的排污阀注入，以利于管路内空气的排出，直至灌满顶部放置阀为止，这种方法特别适用于变送器远离取压点安装的情况；另一种方法是变送器靠近取压点安装时，隔离液从隔离容器顶部丝墙处进行灌注。为易于排除管路内的气泡，选择第一种方法为好。

14.3.1.5 其他要求

(1) 垫片　压力表及压力变送器的垫片通常采用四氟乙烯材料。对于油品，也可采用耐油橡胶石棉板制作的垫片。蒸汽、水、空气等非腐蚀性介质，垫片的材料可选用普通的石棉橡胶板。

(2) 阀门　用于测量工作压力低于50kPa，且介质无毒害及无特殊要求的取压装置，可

---

❶ 1″=1in=0.0254m，全书同。

以不安装切断阀门。

(3) 焊接要求　取压短节的焊接、导压管的焊接，其技术要求完全与同一介质的工艺管道焊接要求一样（包括焊接材料、无损检测及焊工的资格）。

(4) 安装位置　就地压力表的安装位置必须便于观察。泵出口的压力表必须安装在出口阀门前。

14.3.2　压力管路的连接方式

14.3.2.1　连接方式

① 管路连接系统主要采用卡套式阀门与卡套或管接头。其特点是耐高温，密封性能好，装卸方便，不需要动火焊接。

② 管路连接采用外螺纹截止阀和压垫式管接头，是化工常用的连接方式。

③ 管路连接系统采用外螺纹截止阀、内螺纹闸阀和压垫式管接头，是炼油系统常用的连接方式。

以上三种方法可以随意选用，但在有条件时，尽可能选用卡套式连接形式。

14.3.2.2　压力测量常用阀门

(1) 卡套式阀门　卡套式连接时，应采用卡套式阀门，如卡套式截止阀、卡套式节流阀和卡套式角式截止阀。这种阀可作为跟部阀（一次阀），也可作切断阀，也可作放空阀和排污阀。

常用的卡套截止阀是J91-64、J91-100，每一种型号都有J91H-64C、J91-64P，通径大小有两种规格：$\phi5$与$\phi10$。连接的外管可以是$\phi12$和$\phi14$（外径）。卡套式节流阀有J11-64、J11-200和J11-400，每种型号都有J11H-64C和J11W-64P两种规格，通径都是$\phi5$。卡套角式截止阀的型号为J94W-160P，其通径有$\phi3$与$\phi6$两种规格。

(2) 内、外螺纹截止阀　这类截止阀也可作为一次阀、切断阀、放空阀和排污阀。

(3) 常用压力表截止阀

15 识读节流装置安装图

15.1 节流装置

15.1.1 节流原理

差压式流量测量系统由节流装置、导压管和差压变送器组成。节流装置就是设置在直线管道中能使流体产生局部收缩的节流元件和取压装置的总称。在管道中流动的流体具有动能和位能，在一定的条件下这两种能量可以相互转换，但参加转换的能量总和是不变的。流体流经节流元件时由于流体流束的收缩而使流速加快、静压力降低，其结果是节流元件前后产生一个较大的压力差。它与流量（流速）的大小有关，流量越大，差压也越大。因此，只要测出差压就可以测出流量。

根据能量守恒定律及流体连续性原理，节流装置的流量公式可以写成

体积流量 $Q=\alpha\varepsilon F\sqrt{2\Delta p/\rho}$

质量流量 $M=\alpha\varepsilon F\sqrt{2\Delta p\rho}$

式中 M——质量流量，kg/s；

Q——体积流量，m^3/s；

α——流量系数；

ε——流束膨胀系数；

F——节流装置开孔截面积，m^2；

ρ——流体流经节流元件前的密度，kg/m^3；

Δp——节流元件前后压力差，Pa。

15.1.2 取压方式

常见的节流装置取压方式有角接取压和法兰取压。

15.1.2.1 角接取压

角接取压法为上、下游取压孔的轴线，分别与孔板（或喷嘴）上、下游侧端面的距离等于取压孔径的一半或取压环隙宽度的一半。角接取压包括环室取压和单独钻孔取压两种结构形式，如图15-1所示，上半部为环室取压结构，下半部为单独钻孔取压结构。环室取压的优点是压力取出口面积比较广阔，便于测出平均压差和有利于提高测量精度，并可缩短上游的直管段长度和扩大 β（$\beta=d/D$）的范围。但是加工制造和安装要求严格，如果由于加工和现场安装条件的限制，达不到预定要求，其测量精度仍难保证。所以在现场使用时，为了加工和安装方便，有时不用环室而是用单独钻孔取压，特别是对大口径管道。

环室取压是应用较多的一种节流装置取压形式，适用于公称压力为0.6～6.4MPa，公称直径为50～400mm范围。它能与孔板、喷嘴和文丘里管配合，也能与平面、榫面凸面法

兰配合使用。环室分为平面环室、槽面环室和凹面环室三类。

15.1.2.2　法兰取压

就是在法兰边上取压，上、下游测取压孔的轴线分别与孔板上、下游侧端面的距离，等于25.4mm（1in）。它较环室取压有加工简单，且金属材料消耗小，容易安装，容易清理脏物，不易堵塞等优点。根据法兰取压的要求和现行标准法兰的厚度，以及现场备料、加工条件，可采用直式钻孔型和斜式钻孔型两种形式。

直式钻孔型：当标准法兰的厚度大于36mm时，可利用标准法兰进一步加工即可；如果标准法兰的厚度小于36mm，则需用大于36mm毛坯加工；取压孔打在法兰盘的边沿上，与法兰中心线垂直。

斜式钻孔型：当采用对焊钢法兰且法兰厚度小于36mm时，取压孔以一定斜度打在法兰颈的斜面上即可。

法兰钻孔取压的注意事项如下。

（1）法兰内径　为了不影响流量测量精度，法兰内径应与所在管道内径相同。当采用标准法兰加工时，会遇到两种情况：一是当标准法兰内径小于锐孔板所在管道的管子内径时，需将标准法兰内径扩孔，使之与管内径相同；二是当标准法兰内径大于锐孔板所在管道的管子内径时，安装时需要更换一段长度为20～30D，内径与法兰内径相同的管道。

（2）取压孔与法兰面距离M值的确定　按规定法兰取压法取压孔中心线至锐孔板面的距离为25.4mm。

（3）斜式钻孔定点方法　当外钻孔时，斜式钻孔关键在于决定倾斜角度——β角。钻点的确定原则首先是保证M值，以满足1in取压对取压点距离的要求。在此前提下争取β角尽可能大一些，以便于钻孔加工。

15.2　节流装置安装图

节流装置在工艺管线上安装焊接时应注意取压孔的径向方位，此方位由工程设计决定。当锐孔板在水平管道上安装时，应考虑被测介质的状态（液相、气相），合理地选取取压孔位置。当锐孔板在垂直管道上安装时，取压孔的方位仅与导压管的走向有关。偏心孔板只能安装在水平管道上。新建装置或新施工的管线上的锐孔板应在设备管线清洗吹扫之后安装。为了不影响流量测量的精度，法兰内径应与所在管道内径相同。孔板、法兰、螺栓、螺母、垫片等的材质均与介质的种类和操作条件有关，对材质有特殊要求的介质，如腐蚀性介质，其材质由工程设计决定。节流装置安装图如图15-1～图15-5所示。

15.3　安装材料说明

节流装置、垫片、螺栓、螺母的材质的选用由工程设计确定。顶丝的螺栓及螺母的材质选用20钢。

15.3.1　带平面环室的双重孔板

图15-1中带平面环室的双重孔板的安装材料见表15-1。

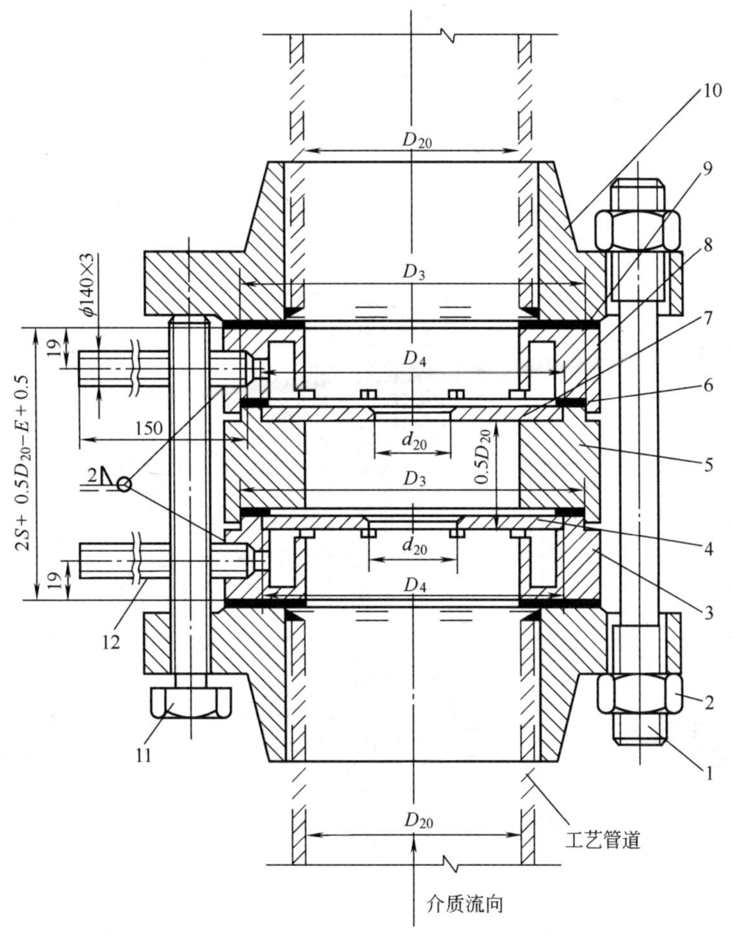

图 15-1　带平面环室的双重孔板在钢管上的安装图

1—双头螺柱；2—螺母；3—正环室（平面）；4—孔板（辅助孔板）；5—中间环；6—垫片；7—孔板（主孔板）；8—负环室（平面）；9—垫片；10—法兰；11—顶丝；12—取压管

表 15-1　带平面环室的双重孔板的安装材料

件　号	材　料　名　称	材　料　规　格	材　　质
1	双头螺柱		Q235
2	螺母		Q235
3	正环室(平面)		
4	孔板(辅助孔板)		1Cr18Ni9Ti
5	中间环		
6	垫片	$\delta=0.5$	石棉橡胶板
7	孔板(主孔板)		1Cr18Ni9Ti
8	负环室(平面)		
9	垫片	$\delta=2$	
10	法兰	RF100～400-1.0～2.5	Q235
11	顶丝		
12	取压管	$\phi14\times3, L=150$	

15.3.2 带凹面宽边标准孔板（喷嘴）

图 15-2 中带凹面宽边标准孔板（喷嘴）的安装材料见表 15-2。

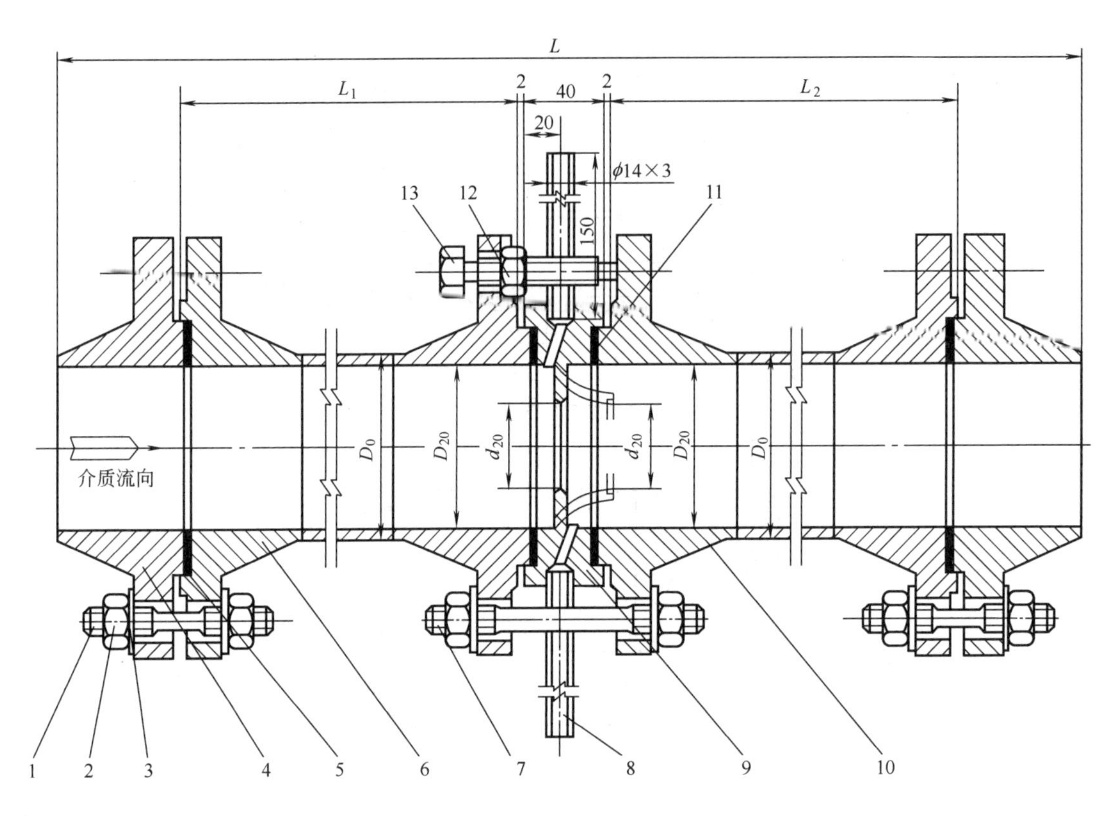

图 15-2 带凹面宽边标准孔板（喷嘴）在钢管上的安装图

1，7—螺柱；2，12—螺母；3—垫圈；4—法兰；5，11—垫片；6—带凸面法兰的上游直管段；8—取压管；9—凹面宽边标准孔板（喷嘴）；10—带凸面法兰的下游直管段；13—顶丝

表 15-2 带凹面宽边标准孔板（喷嘴）的安装材料

件 号	材 料 名 称	材 料 规 格	材 质
1	螺柱		
2	螺母		
3	垫圈		
4	法兰	M 50～400-6.3	
5	垫片		
6	带凸面法兰的上游直管段		
7	螺柱		
8	取压管	ϕ14×3，L=150	
9	凹面宽边标准孔板(喷嘴)		
10	带凸面法兰的下游直管段		
11	垫片		
12	螺母		
13	顶丝		

15.3.3 带槽面宽边标准孔板（喷嘴）

图 15-3 中带槽面宽边标准孔板（喷嘴）的安装材料见表 15-3。

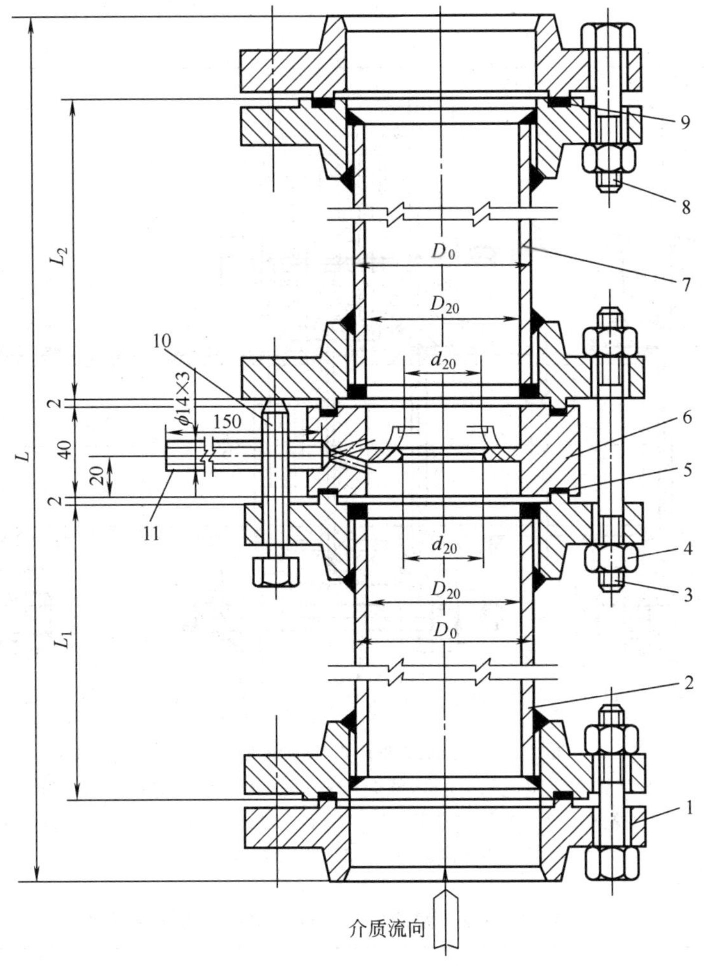

图 15-3 带槽面宽边标准孔板（喷嘴）在钢管上的安装图

1—法兰；2—带榫面法兰的上游直管段；3—螺柱；4—螺母；5，9—垫片；6—宽边标准孔板（喷嘴）；7—带榫面法兰的下游直管段；8—螺栓（柱）；10—顶丝；11—取压管

表 15-3 带槽面宽边标准孔板（喷嘴）的安装材料

件 号	材 料 名 称	材 料 规 格	材 质
1	法兰	T 50～400-2.5	
2	带榫面法兰的上游直管段		
3	螺柱		
4	螺母		
5	垫片		
6	宽边标准孔板(喷嘴)		
7	带榫面法兰的下游直管段		
8	螺栓(柱)		
9	垫片		
10	顶丝		
11	取压管	$\phi14\times3$,$L=150$	

15.3.4 带槽面环室的标准孔板（喷嘴）

图 15-4 中带槽面环室的标准孔板（喷嘴）的安装材料见表 15-4。

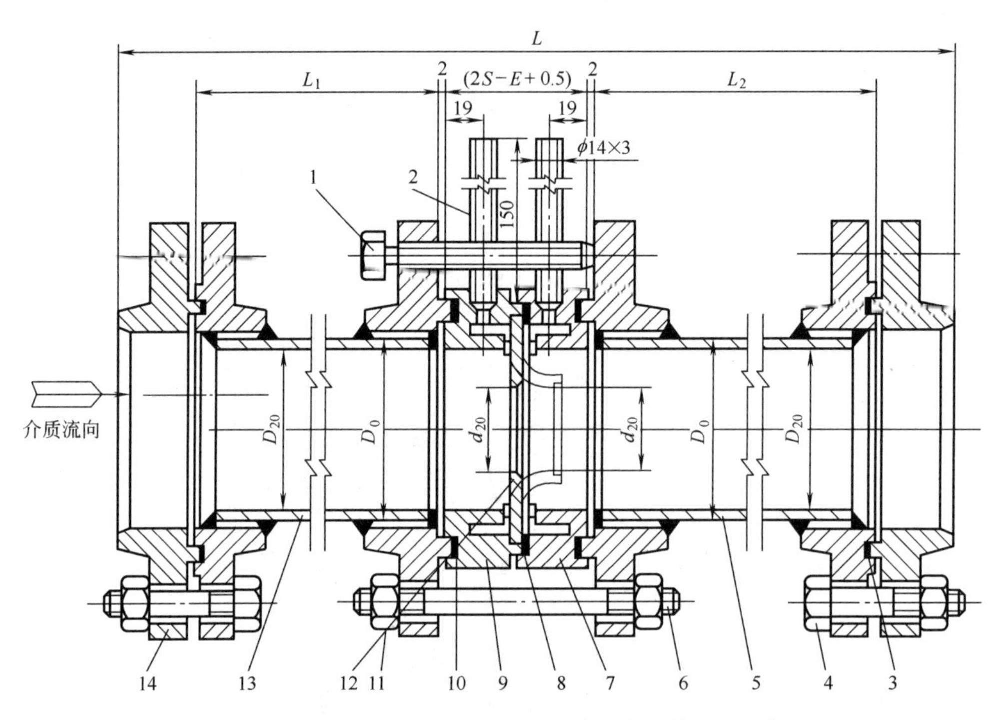

图 15-4 带槽面环室的标准孔板（喷嘴）在钢管上的安装图

1—顶丝；2—取压管；3，10—垫片；4—螺栓（柱）；5—带榫面法兰的下游直管段；6—螺柱；7—负环室（槽面）；8—垫片；9—正环室（槽面）；11—螺母；12—标准孔板（喷嘴）；13—带榫面法兰的上游直管段；14—法兰

表 15-4 带槽面环室的标准孔板（喷嘴）的安装材料

件 号	材 料 名 称	材 料 规 格	材 质
1	顶丝		
2	取压管	$\phi14\times3, L=150$	
3	垫片		
4	螺栓(柱)		
5	带榫面法兰的下游直管段		
6	螺柱		
7	负环室(槽面)		
8	垫片	$\delta=0.5$	
9	正环室(槽面)		
10	垫片		
11	螺母		
12	标准孔板(喷嘴)		
13	带榫面法兰的上游直管段		
14	法兰	T 50～400-2.5	

15.3.5 PN1.6MPa同心锐孔板

图15-5中PN1.6MPa同心锐孔板装配及安装材料见表15-5。

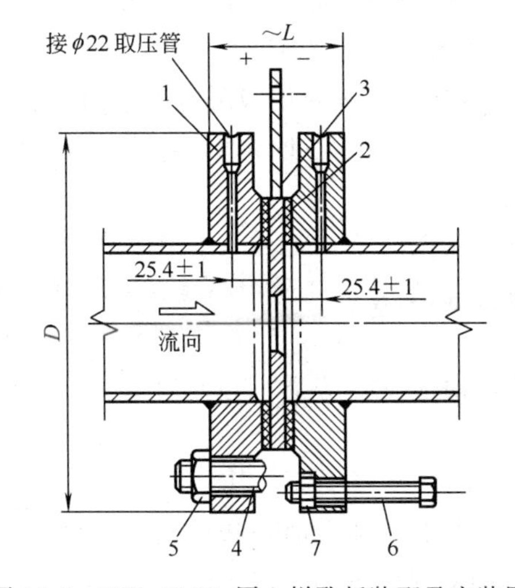

图15-5 PN1.6MPa同心锐孔板装配及安装图

1—取压法兰；2—垫片；3—同心锐孔板；4—双头螺柱；5，7—螺母；6—顶丝

表15-5 PN1.6MPa同心锐孔板装配及安装材料

件号	材料名称	材料规格	材质
1	取压法兰		
2	垫片		
3	同心锐孔板		
4	双头螺柱		
5	螺母		
6	顶丝		
7	螺母		

15.4 安装使用注意事项

15.4.1 节流元件种类及使用场合

节流元件一般指孔板、喷嘴和文丘里管。节流元件分标准节流元件和非标准节流元件。它们的使用场合如下。

(1) 标准孔板　标准孔板是应用最广泛的一种节流元件。它的公称压力为0.25～32MPa，公称直径为50～1600mm，适用于绝大多数流体，包括气体、蒸汽和液体的流量检测和控制。

(2) 标准喷嘴　标准喷嘴的公称压力为0.6～6.4MPa，公称直径为50～400mm，取压形式为环室取压、法兰取压。能与紧密面为平面、榫面、凸面的法兰配套使用。

(3) 标准文丘里管　标准文丘里管的公称压力不大于0.6MPa，公称直径为200～800mm，仅能与平面法兰配套使用。

(4) 圆缺孔板　圆缺孔板的公称压力为0.25～6.4MPa，公称直径为500～1600mm，取压形式可为环室取压和宽边钻孔取压。能与紧密面为平面、榫面、凸面的法兰配套使用。

(5) 端头孔板　端头孔板的公称直径为50～600mm，取压形式有环室取压和安装环上钻孔取压两种，能安装在管道的入口和出口。

(6) 双重孔板　双重孔板的公称压力为0.25～6.4MPa，公称直径为100～400mm，取压形式有环室取压和宽边钻孔取压。能与紧密面为平面、榫面、凸面的法兰配套使用。

(7) 1/4圆喷嘴　1/4圆喷嘴的公称压力为0.25～6.4MPa，公称直径为25～100mm，取压形式有环室取压和宽边钻孔取压。能与紧密面为平面、榫面、凸面的法兰配套使用。

15.4.2 节流装置安装注意事项

① 节流装置安装有严格的直管段的要求。一般可按经验数据前 8 后 5 来考虑，即节流装置上游侧要有 8 倍管道内径的距离，下游侧要有 5 倍管道内径的距离。

② 节流装置前后 $2D$ 长的管段内，管道内壁不应有任何凹陷和用肉眼看得出的突出物等不平现象。由于管道的圆锥度、椭圆度或者变形等所产生的最大允许误差：当 $d/D \geqslant 0.55$ 时不得超过±0.5%；当 $d/D < 0.55$ 时，不得超过±2.0%。

③ 节流装置的端面应与管道的几何中心线垂直，其偏差不应超过 1°。法兰与管道内接口焊接处应加工光滑，不应有毛刺及凹凸不平现象；节流装置的几何中心线必须与管道的中心线相重合，偏差不得超过 $0.015D(D/d-1)$。

④ 节流装置在水平管道上安装时，取压口方位取决于被测介质（在垂直管道上安装时取压孔方位仅与导压管走向有关）。

⑤ 节流装置的安装应在工艺管道清洗后试压前进行。

⑥ 在水平和倾斜的工艺管道上安装孔板或喷嘴，若有排泄孔时，排泄孔的位置对液体介质应在工艺管道的正上方，对气体及蒸汽介质应在工艺管道的正下方。

⑦ 环室与孔板有“＋”号的一侧应在被测介质流向的上游侧。当用箭头标明流向时，箭头的指向应与被测介质的流向一致。

⑧ 节流装置的垫片应与工艺管道同一质地，并且不能小于管道内径。

16　识读流量测量仪表安装图

16.1　流量测量仪表

16.1.1　流量测量

在工业生产过程中，为了有效地指导生产操作、监视和控制生产过程，经常需要检测生产过程中各种流动介质（如液体、气体或蒸汽、固体粉末）的流量，以便为管理和控制生产提供依据。有时需要对物料的输送进行精确的计量，作为经济核算的重要依据，所以流量检测在工业生产中显得十分重要，它是工业生产过程中的一个重要参数。流量是指单位时间内流经某一截面的流体数量，也叫瞬时流量。而在某一段时间内流过的流体的总和，即瞬时流量在某一段时间内的累积值，称为总量或累积流量。流量可用体积流量和质量流量来表示，其单位分别为 m^3/h、L/h 和 kg/h 等。

16.1.2　流量测量仪表

测量流体流量的仪表被称为流量计，它能指示和记录某瞬时流体的流量值，测量流体总量的仪表被称为计量表（总量表），它能累计某段时间间隔内流体的总量，即各瞬时流量的累加和，如水表、煤气表等。

由于流量检测条件的多样性和复杂性，流量检测的方法非常多，是工业生产过程常见参数中检测方法最多的。就检测量的不同检测方法和仪表可分为两大类：体积流量检测仪表和质量流量检测仪表。

16.1.2.1　体积流量

单位时间内通过管道某截面的流体的体积，就是体积流量。

（1）容积式流量计　在单位时间内以标准固定体积对流动介质连续不断地进行测量，以排出流体固定容积数来计算流量，基于这种检测方法的流量检测仪表主要有椭圆齿轮流量计、旋转活塞式流量计和刮板式流量计等。容积法受流体的流动状态影响较小，适用于测量高黏度、低雷诺数的流体。

（2）速度式流量计　这种方法是先测出管道内的平均流速，再乘以管道截面积求得流体的体积流量。基于这种检测方法的流量检测仪表有差压式流量计（利用节流件前后的差压与流速之间的关系，通过差压值获得流体的流速）、电磁式流量计（导电流体在磁场中运动产生感应电势，感应电势的大小正比于流体的平均流速）、转子流量计（基于力平衡原理，通过在锥形管内的转子把流体的流速转换成转子的位移）、涡街流量计（流体在流动中遇到一定形状的物体会在其周围产生有规则的旋涡，旋涡释放的频率正比于流速）、涡轮流量计（流体对置于管道内涡轮的作用力，使涡轮转动，其转动速度与管道内流体的流速成正比）等。

16.1.2.2 质量流量

单位时间内通过某截面的流体的质量，就是质量流量。

(1) 直接式质量流量计　利用检测元件，使输出信号直接反映质量流量。基于这种检测方法的流量检测仪表主要有科里奥利质量流量计、差压式质量流量计、角动量式质量流量计。

(2) 推导式质量流量计　用两个检测元件分别测出两个相应参数，通过运算间接获取流体的质量流量，检测元件的组合主要有 ρQ^2 检测元件和 ρ 检测元件的组合、Q 检测元件和 ρ 检测元件的组合以及 ρQ^2 检测元件和 Q 检测元件的组合。

16.2 差压计、差压变送器安装图

差压计、差压变送器安装图如图 16-1～图 16-11 所示，其中，图 16-7、图 16-8、图 16-10、图 16-11 为哑图。

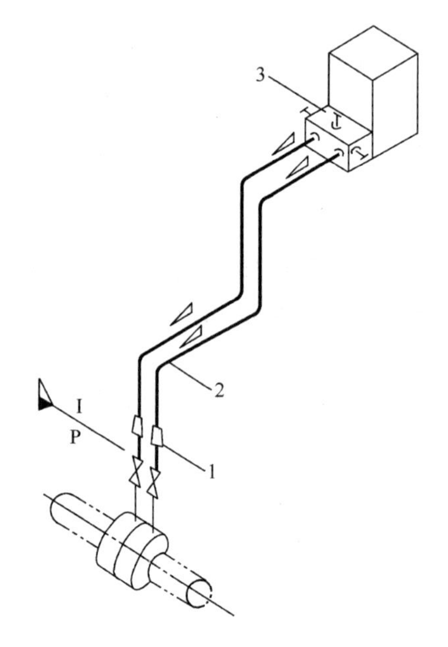

图 16-1　测量气体流量管路连接图
(差压仪表高于节流装置，三阀组)
1—对焊式异径活接头；2—无缝钢管；3—三阀组

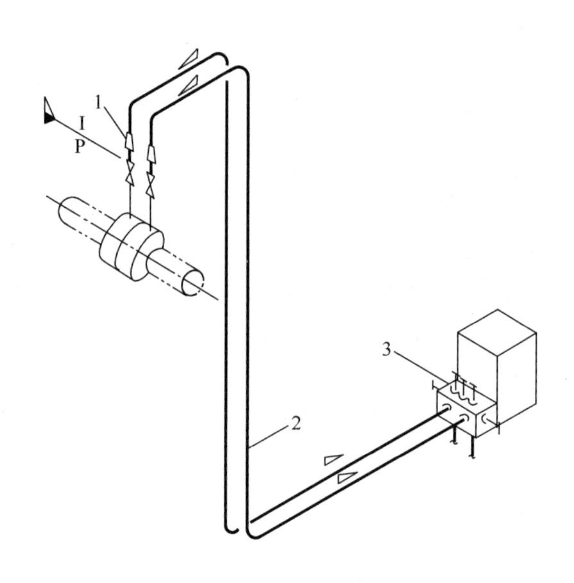

图 16-2　测量气体流量管路连接图
(差压仪表低于节流装置，五阀组)
1—对焊式异径活接头；2—无缝钢管；3—五阀组

16.3 安装材料说明

16.3.1 测量气体流量

① 图 16-1 中测量气体流量管路连接（差压仪表高于节流装置，三阀组）材料见表 16-1。

② 图 16-2 中测量气体流量管路连接（差压仪表低于节流装置，五阀组）材料见表 16-2。

表 16-1　测量气体流量管路连接（差压仪表高于节流装置，三阀组）**材料**

件　号	材　料　名　称	材　料　规　格	材　质
1	对焊式异径活接头	PN16，ϕ22/ϕ14	C.S
2	无缝钢管	ϕ14×3	20
3	三阀组	PN16，DN5	C.S

表 16-2　测量气体流量管路连接（差压仪表低于节流装置，五阀组）**材料**

件　号	材　料　名　称	材　料　规　格	材　质
1	对焊式异径活接头	PN16，ϕ22/ϕ14	C.S
2	无缝钢管	ϕ14×3	20
3	五阀组	PN16，DN5	C.S

16.3.2　测量液体流量

① 图 16-3 中测量液体流量管路连接（差压仪表高于节流装置，三阀组）材料见表 16-3。

② 图 16-4 中测量液体流量管路连接（差压仪表低于节流装置，三阀组）材料见表 16-4。

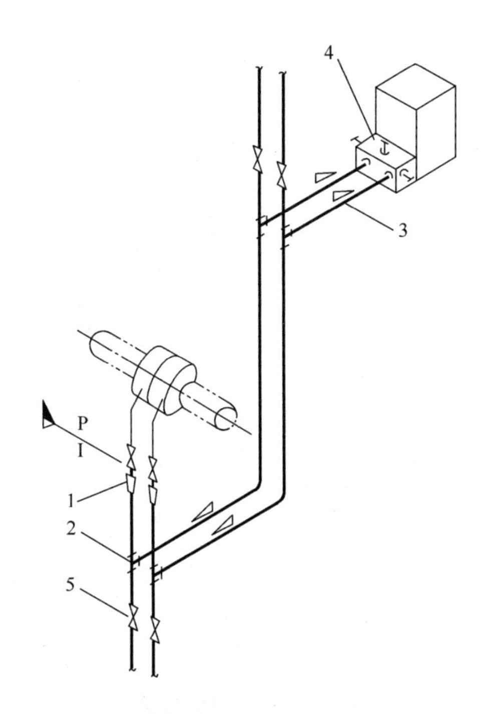

图 16-3　测量液体流量管路连接图
（差压仪表高于节流装置，三阀组）
1—对焊式异径活接头；2—对焊式三通中间接头；
3—无缝钢管；4—三阀组；5—外螺纹截止阀

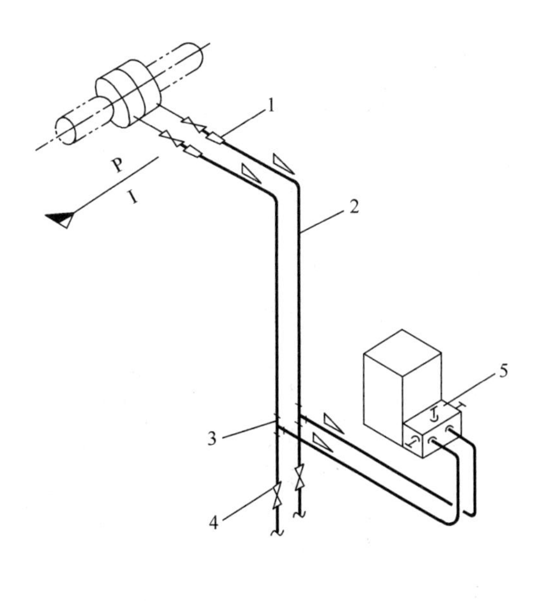

图 16-4　测量液体流量管路连接图
（差压仪表低于节流装置，三阀组）
1—对焊式异径活接头；2—无缝钢管；3—对焊式三通中间接头；4—外螺纹截止阀；5—三阀组

表 16-3　测量液体流量管路连接（差压仪表高于节流装置，三阀组）材料

件　号	材　料　名　称	材　料　规　格	材　质
1	对焊式异径活接头	PN6.3,ϕ22/ϕ14	C.S
2	对焊式三通中间接头	PN6.3,ϕ14	C.S
3	无缝钢管	ϕ14×2	20
4	三阀组	PN16,DN5	C.S
5	外螺纹截止阀	PN6.3,DN10,ϕ14/ϕ14	C.S

表 16-4　测量液体流量管路连接（差压仪表低于节流装置，三阀组）材料

件　号	材　料　名　称	材　料　规　格	材　质
1	对焊式异径活接头	PN16,ϕ22/ϕ14	C.S
2	无缝钢管	ϕ14×3	20
3	对焊式三通中间接头	PN16,ϕ14	C.S
4	外螺纹截止阀	PN16,DN10	C.S
5	三阀组	PN16,DN5	C.S

16.3.3　测量蒸汽流量

① 图 16-5 中测量蒸汽流量管路连接（差压仪表低于节流装置，三阀组）材料见表 16-5。

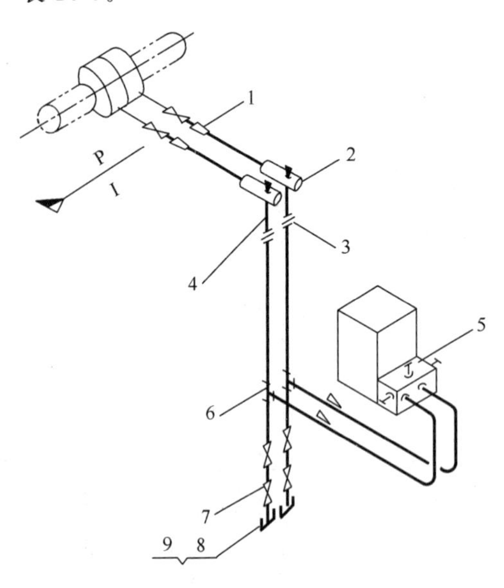

图 16-5　测量蒸汽流量管路连接图
（差压仪表低于节流装置，三阀组）
1—对焊式异径活接头；2—冷凝容器；3—对焊式直通中间接头；4—无缝钢管；5—三阀组；6—对焊式三通中间接头；7—焊接式截止阀；8—异径单头短节；9—管帽

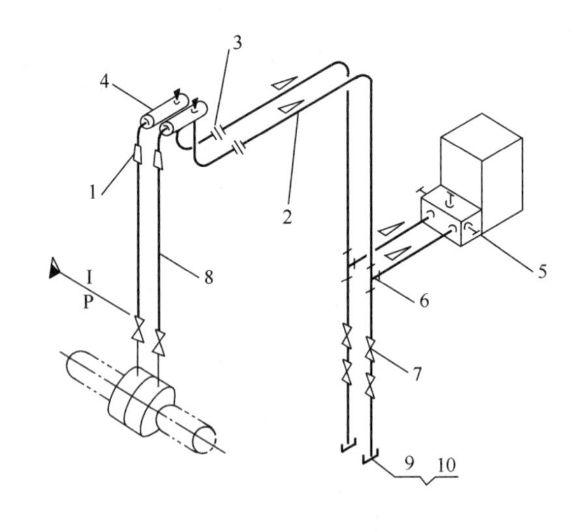

图 16-6　测量蒸汽流量管路连接图
（差压仪表高于节流装置，三阀组）
1—对焊式异径活接头；2—无缝钢管；3—对焊式直通中间接头；4—冷凝容器；5—三阀组；6—对焊式三通中间接头；7—焊接式截止阀；8—无缝钢管；9—异径单头短节；10—管帽

表 16-5　测量蒸汽流量管路连接（差压仪表低于节流装置，三阀组）**材料**

件　号	材　料　名　称	材　料　规　格	材　质
1	对焊式异径活接头	PN16,ϕ22/ϕ14	C. S
2	冷凝容器	PN16,DN100,ϕ14	20
3	对焊式直通中间接头	PN16,ϕ14	C. S
4	无缝钢管	ϕ14×3	20
5	三阀组	PN16,DN5	C. S
6	对焊式三通中间接头	PN16,ϕ14	C. S
7	焊接式截止阀	PN16,DN10	C. S
8	异径单头短节	PN16,ϕ14/ ZG1/2″	C. S
9	管帽	PN16,ZG1/2″	C. S

② 图 16-6 中测量蒸汽流量管路连接（差压仪表高于节流装置，三阀组）材料见表 16-6。

表 16-6　测量蒸汽流量管路连接（差压仪表高于节流装置，三阀组）**材料**

件　号	材　料　名　称	材　料　规　格	材　质
1	对焊式异径活接头	PN16,ϕ22/ϕ14	C. S
2	无缝钢管	ϕ14×3	20
3	对焊式直通中间接头	PN16,ϕ14	C. S
4	冷凝容器	PN16,DN100,ϕ14	20
5	三阀组	PN16,DN5	C. S
6	对焊式三通中间接头	PN16,ϕ14	C. S
7	焊接式截止阀	PN16,DN10,ϕ14/ϕ14	C. S
8	无缝钢管	ϕ22×4	20
9	异径单头短节	PN16,ϕ14/ZG1/2″	C. S
10	管帽	PN16,ZG1/2″	C. S

16. 3. 4　测量高压气体流量

图 16-7 中测量高压气体流量管路连接（差压仪表低于节流装置，三阀组）材料见表 16-7。

表 16-7　测量高压气体流量管路连接（差压仪表低于节流装置，三阀组）**材料**

件　号	材　料　名　称	材　料　规　格	材　质
1	高压弯通中间接头	ϕ14	C. S
2	无缝钢管	ϕ14×4	20
3	三阀组		C. S
4	高压阀门		C. S
5	螺纹法兰		C. S
6	双头螺栓		C. S
7	六角螺母		C. S
8	透镜垫		C. S
9	高压三通中间接头		C. S

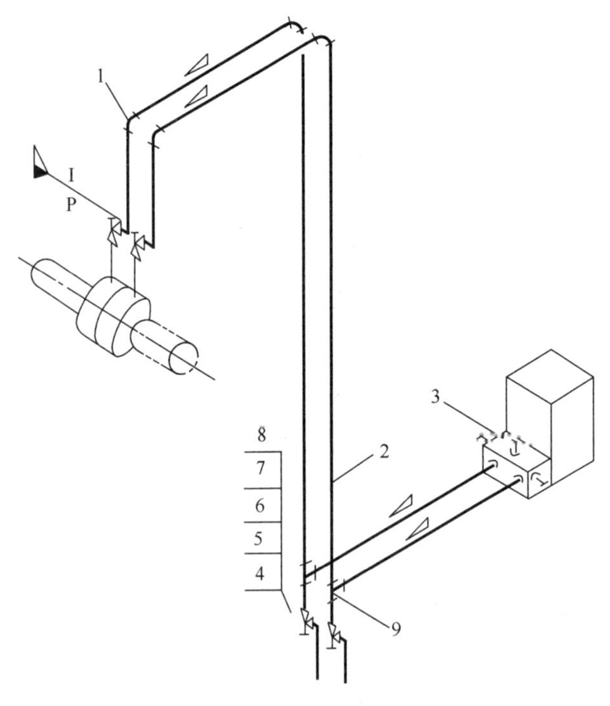

图 16-7　测量高压气体流量管路连接图
（差压仪表低于节流装置，三阀组）
1—高压弯通中间接头；2—无缝钢管；3—三阀组；4—高压阀门；5—螺纹法兰；6—双头螺栓；7—六角螺母；8—透镜垫；9—高压三通中间接头

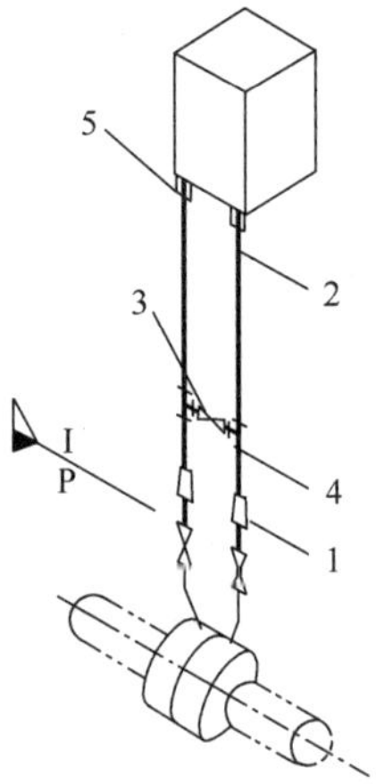

图 16-8　差压仪表位于节流装置近旁流量管路连接图
1—异径短节；2—无缝钢管；3—阀门；4—三通中间接头；5—终端接头

16.3.5　差压仪表位于节流装置近旁

图 16-8 中差压仪表位于节流装置近旁流量管路连接材料见表 16-8。

表 16-8　差压仪表位于节流装置近旁流量管路连接材料

件　号	材　料　名　称	材　料　规　格	材　质
1	异径短节	$\phi22$	C. S
2	无缝钢管		20
3	阀门		C. S
4	三通中间接头		C. S
5	终端接头		20

16.3.6　吹气法测量气体流量

图 16-9 中吹气法测量气体流量管路连接（差压仪表低于节流装置，三阀组）材料见表 16-9。

16.3.7　吹液法测量液体流量

图 16-10 中吹液法测量液体流量管路连接（差压仪表低于节流装置，三阀组）材料见表 16-10。

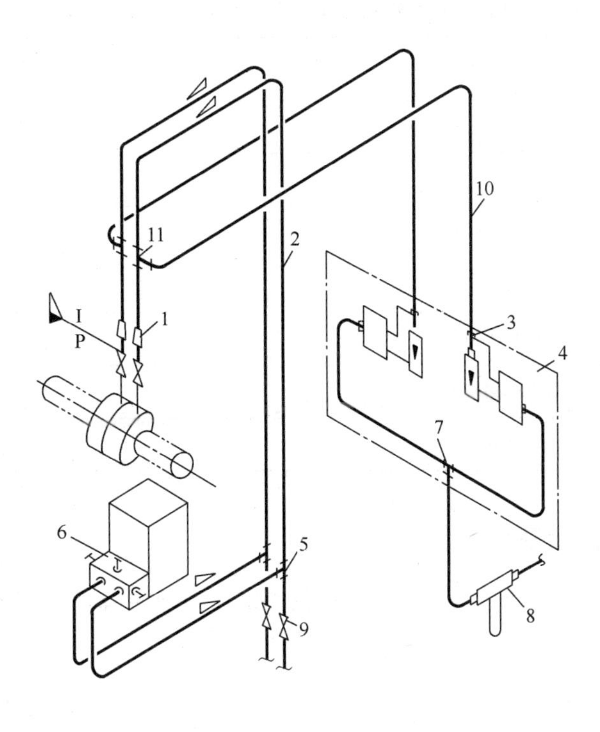

图 16-9　吹气法测量气体流量管路连接图
（差压仪表低于节流装置，三阀组）
1—承插焊异径短节；2，10—无缝钢管；3—直通终端接头；
4—吹气装置；5，7—三通中间接头；6—三阀组；
8—空气过滤器减压阀；9—阀门；11—异径三通

表 16-9　吹气法测量气体流量管路连接（差压仪表低于节流装置，三阀组）**材料**

件　号	材　料　名　称	材　料　规　格	材　质
1	承插焊异径短节	ϕ14/ϕ14	C. S
2	无缝钢管	ϕ14×2	20
3	直通终端接头	ϕ6	C. S
4	吹气装置		
5	三通中间接头	ϕ14	C. S
6	三阀组		C. S
7	三通中间接头	ϕ6	C. S
8	空气过滤器减压阀		C. S
9	阀门		C. S
10	无缝钢管	ϕ14×2	20
11	异径三通	ϕ14/ϕ8	C. S

表 16-10　吹液法测量液体流量管路连接（差压仪表低于节流装置，三阀组）材料

件　号	材　料　名　称	材　料　规　格	材　质
1	异径短节	$\phi22$	C. S
2	无缝钢管		20
3	三通中间接头		C. S
4	直通终端接头		C. S
5	玻璃转子流量计		
6	三阀组		C. S
7	阀门		C. S

16.3.8　测量湿气体流量

图 16-11 测量湿气体流量管路连接（差压仪表低于节流装置，三阀组）材料见表 16-11。

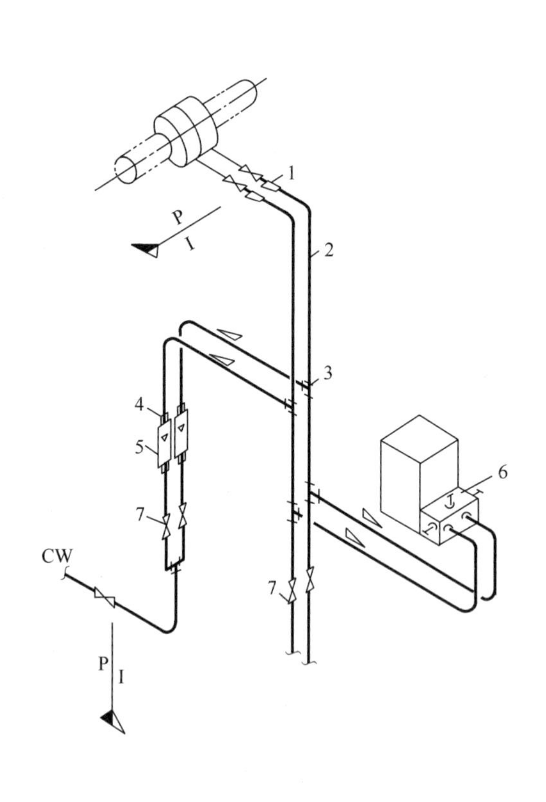

图 16-10　吹液法测量液体流量管路连接图
（差压仪表低于节流装置，三阀组）
1—异径短节；2—无缝钢管；3—三通中间接头；
4—直通终端接头；5—玻璃转子流量计；
6—三阀组；7—阀门

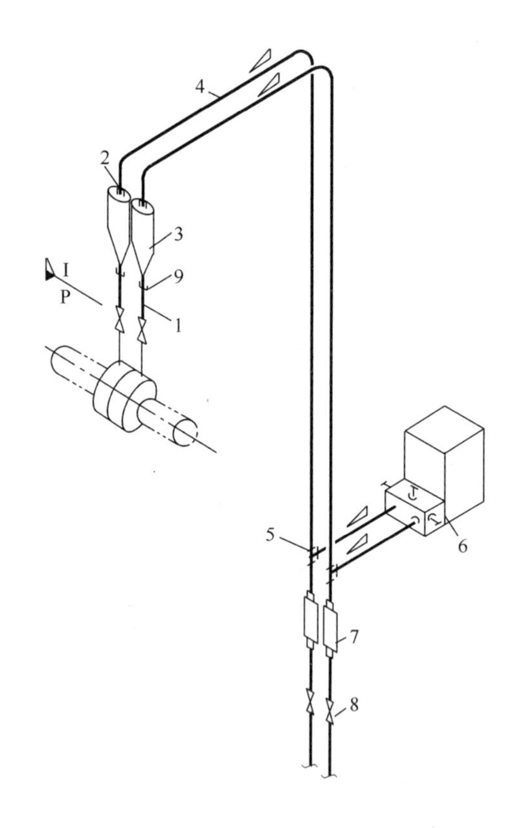

图 16-11　测量湿气体流量管路连接图
（差压仪表低于节流装置，三阀组）
1，4—无缝钢管；2，9—直通终端接头；
3，7—分离容器；5—三通中间接头；
6—三阀组；8—阀门

表 16-11 测量湿气体流量管路连接（差压仪表低于节流装置，三阀组）材料

件 号	材 料 名 称	材 料 规 格	材 质
1	无缝钢管	$\phi22$	20
2	直通终端接头		C.S
3	分离容器	$\phi57\times3.5, L=500$	20
4	无缝钢管		20
5	三通中间接头		C.S
6	三阀组		C.S
7	分离容器		20
8	阀门		C.S
9	直通终端接头	$\phi22$/S.W $\phi22$	C.S

16.4 安装使用注意事项

差压式流量计是基于流体流动的节流原理，利用流体流经节流装置时产生的压力差与流量有关而实现流量测量的。它是由节流装置（包括节流元件和取压装置）、导压管和差压计（或差压变送器及其显示仪表）三部分组成。

差压变送器或其他差压仪表的导压管敷设比较复杂，为了能正确测量差压，尽可能减小误差，配管必须正确。

测量气体、液体流量管路的连接分三种情况，即差压计在节流装置近旁、差压计低于节流装置和差压计高于节流装置。测量蒸汽流量管路的连接分两种情况，即差压计低于节流装置和差压计高于节流装置。还有许多管路连接法，如隔离法、吹气法、测量高压气体的管路连接等。

小流量时，也可采用 U 管指示。差压指示要表示流量的大小时，要注意差压是与对应的流量的平方成正比的关系。小流量用差压计来检测会降低其精度。

17 识读物位测量仪表安装图

17.1 物位测量及物位测量仪表

17.1.1 物位测量

物位测量在工业生产中有很重要的作用。例如在某些间歇生产过程中，通过对储槽（或计量槽）液位的测量，可求得物料量，从而能保证获得严格的配料比，即物位测量能为正常生产和质量管理以及经济核算提供可靠的依据，在连续生产过程中，维持某些设备内的液位稳定（如锅炉、蒸发器、饱和塔等）。把生产过程中罐、塔、槽等容器中存放的液体表面位置称为液位；把料斗、堆场、仓库等储存的固体块、颗粒、粉料等的堆积高度和表面位置称为料位；把两种互不相溶的物质的界面位置称为界位。液位、料位及界面总称为物位。对物位进行测量的仪表称为物位检测仪表。

物位测量的目的有两个：一是通过物位测量来确定容器中的原料、产品或半成品的数量，以保证连续供应生产中各个环节所需的物料或进行经济核算；另一个是通过物位测量，了解物位是否在规定的范围内，以使生产过程正常进行，保证产品的质量、产量和生产安全。

17.1.2 物位测量仪表

（1）按液位、料位、界面分类

① 测量液位的仪表：包括玻璃管（板）式、称重式、浮力式（浮筒、浮球、浮标）、静压式（压力式、差压式）、电容式、电感式、电阻式、超声波式、放射性式、激光式及微波式等。

② 测量界面的仪表：包括浮力式、差压式、电极式和超声波式等。

③ 测量料位的仪表：包括重锤探测式、音叉式、超声波式、激光式、放射性式等。

（2）按测量方法分类

① 直接式液位测量仪表：包括玻璃管式液位计和玻璃板式液位计，这两种液位计又分反射式液位计和透射式液位计。

② 差压式液位测量仪表：包括压力式液位计、吹气法压力式液位计和差压式液位（或界面）计。

③ 浮力式液位测量仪表：包括浮球式等。

④ 电磁式：包括电阻式、电容式、电感式等。

除了上述仪表外，还有声波式、核辐射式等物位测量仪表。

17.2 差压法测量液位

17.2.1 基本测量原理

差压式液位计是利用容器内的液位改变时，液柱产生的静压也相应变化的原理而工作的。差压式液位计有以下几个特点。

① 检测元件在容器中几乎不占空间，只需在容器壁上开一个或两个孔即可。

② 检测元件只有一两根导压管，结构简单，安装方便，便于操作维护，工作可靠。

③ 采用法兰式差压变送器可以解决高黏度、易凝固、易结晶、腐蚀性、含有悬浮物介质的液位测量问题。

差压法液位测量原理如图 17-1 所示，其中，p_0 为罐的操作压力。

测得差压

$$\Delta p = p_2 - p_1 = H\rho g$$

$$H = \Delta p/(\rho g)$$

式中 Δp——差压；

p_1——负压式压力；

p_2——正压式压力；

ρ——介质密度；

H——液位高度；

g——重力加速度。

只要确保气相管内无冷凝液，$p_1 = p_0$，在密度稳定时，测得的差压完全代表了液位的高度 H。差压变送器的输出特性曲线如图 17-2 所示。

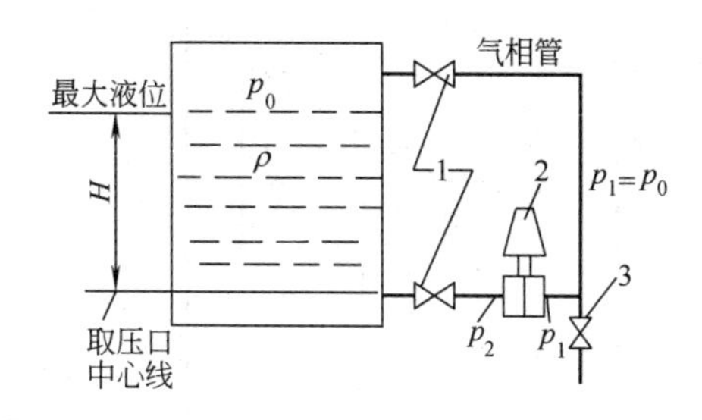

图 17-1 差压法液位测量原理图

1—切断阀；2—差压仪表；3—气相管排液阀

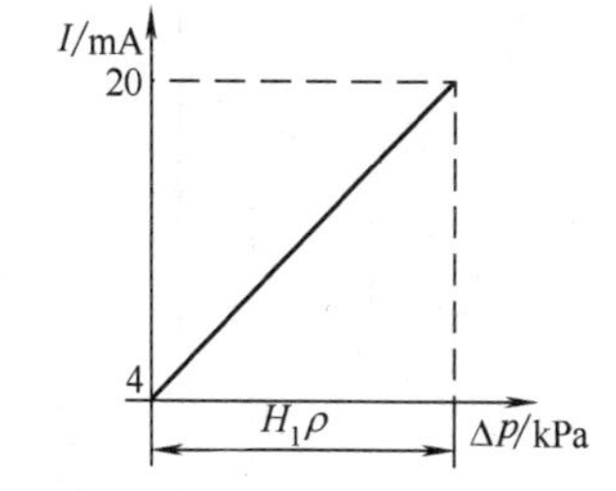

图 17-2 差压变送器输出特性曲线

17.2.2 带有正、负迁移的差压法液位测量原理

这种方法适用于气相易于冷凝的场合，如图 17-3 所示。图中，ρ_1 为气相冷凝液的密度，h_1 为冷凝液的高度。当气相不断冷凝时，冷凝液自动会从气相口溢出，回流到被测容器而保持 h_1 高度不变。当液位在零位时，变送器负端已经受到 $h_1\rho_1 g$ 的压力，这个压力必须加以抵消。这称为负迁移。

负迁移量 $SR_1 = h_1\rho_1 g$

当测量液位的起始点从 H_0 开始，变送器的正端有 $H_0\rho g$ 压力要加以抵消，这称为正迁移。

正迁移量 $SR_0 = H_0\rho g$

这时变送器总迁移量为

$$SR = SR_1 - SR_0 = h_1\rho_1 g - H_0\rho g$$

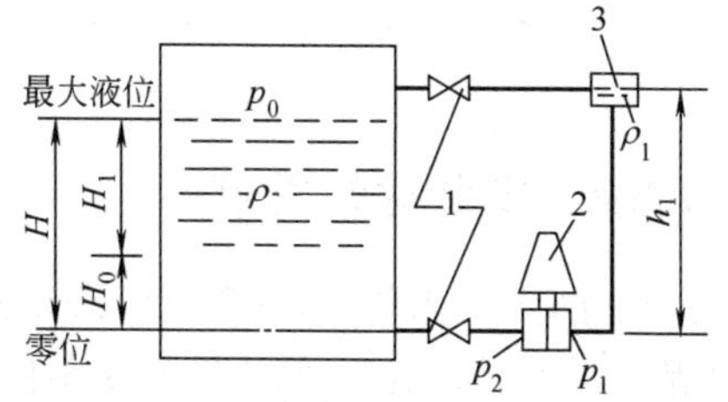

图 17-3 带有正、负迁移的差压法液位测量原理图

1—切断阀；2—差压仪表；3—平衡容器

在有正负迁移的情况下仪表的量程为

$$\Delta p = H_1 \rho g$$

当被测介质为有腐蚀性、易结晶时，可选用带有耐腐蚀膜片的双法兰式差压变送器，迁移量及仪表的量程的计算仍然可用上面的公式来计算。

在这种方法中既可以用普通差压变送器测量容器内的液面，也可用专用的液面差压变送器测量容器内的液面，如单法兰液面（差压）变送器、双法兰液面（差压）变送器。其测量液面的原理完全一样，就是差压法。

用常压法测量液面，又分常压容器（敞口容器）和压力容器两种。

17.2.3 仪表安装图

常用的差压法测量液位仪表管路连接图如图 17-4～图 17-11 所示，其中，图 17-9 为哑图。

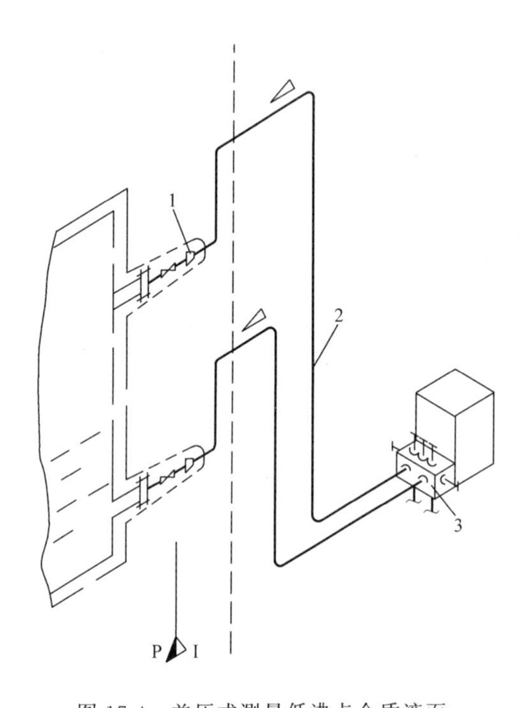

图 17-4 差压式测量低沸点介质液面管路连接图（五阀组）

1—对焊式异径活接头；2—无缝钢管；3—五阀组

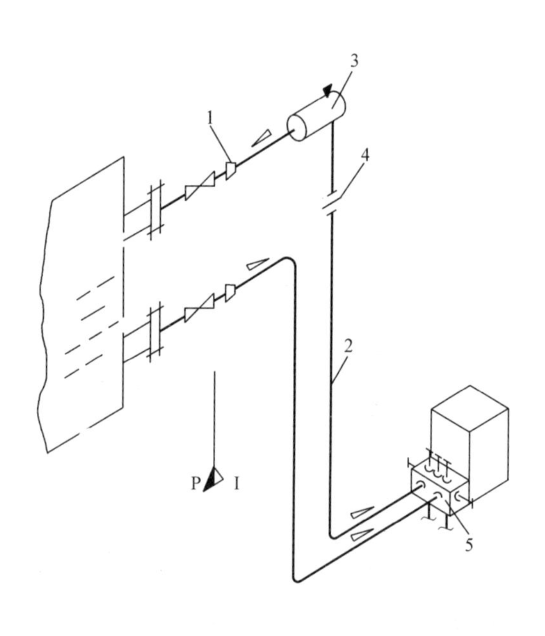

图 17-5 差压式测量有压设备液面管路连接图（五阀组带冷凝容器）

1—对焊式异径活接头；2—无缝钢管；3—对焊冷凝容器；4—对焊式直通中间接头；5—五阀组

17.2.4 安装材料说明

① 图 17-4 中差压式测量低沸点介质液面管路连接（五阀组）材料见表 17-1。常年加伴热保温，使其汽化。变送器也可安装在取压点上方。

② 图 17-5 中差压式测量有压设备液面管路连接（五阀组带冷凝容器）材料见表 17-2。

③ 图 17-6 中差压式测量有压设备液面管路连接（三阀组带分离容器）材料见表 17-3。该方案适用于气相冷凝液不多而又能及时排除的情况。

④ 图 17-7 中差压式测量有压设备液面管路连接（三阀组）材料见表 17-4。

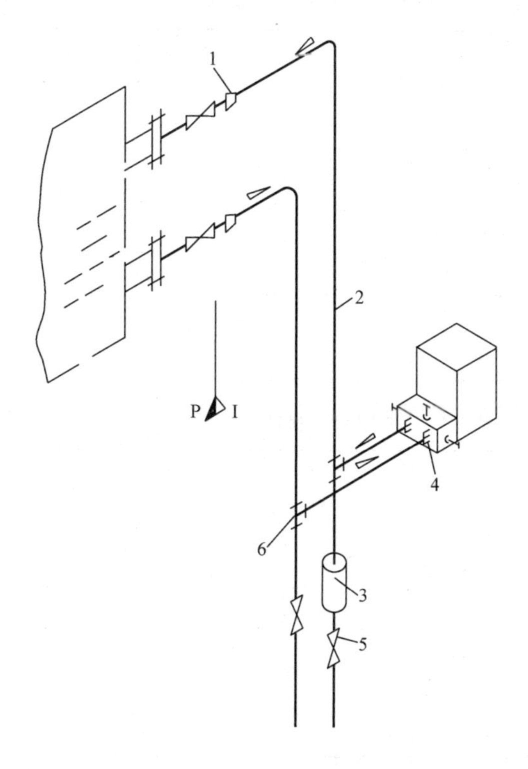

图 17-6　差压式测量有压设备液面管路连接图（三阀组带分离容器）

1—对焊式异径活接头；2—无缝钢管；3—分离容器；4—三阀组；5—外螺纹截止阀（带外套螺母）、外螺纹球阀（带外套螺母）；6—对焊式三通中间接头

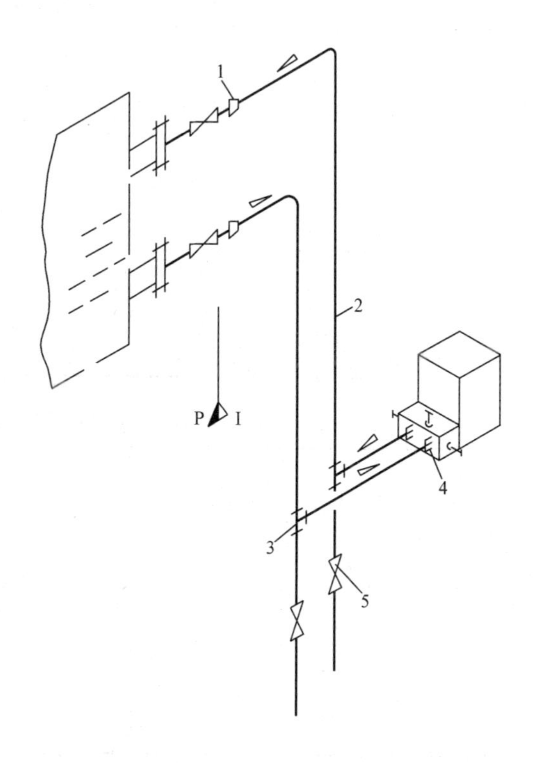

图 17-7　差压式测量有压设备液面管路连接图（三阀组）

1—对焊式异径活接头；2—无缝钢管；3—对焊式三通中间接头；4—三阀组；5—外螺纹截止阀（带外套螺母）、外螺纹球阀（带外套螺母）

表 17-1　差压式测量低沸点介质液面管路连接（五阀组）材料

件　号	材　料　名　称	材　料　规　格	材　质
1	对焊式异径活接头	PN6.3,ϕ22/ϕ14	C.S
2	无缝钢管	ϕ14×2	20
3	五阀组	PN16,DN5	C.S

表 17-2　差压式测量有压设备液面管路连接（五阀组带冷凝容器）材料

件　号	材　料　名　称	材　料　规　格	材　质
1	对焊式异径活接头	PN16,ϕ22/ϕ14	C.S
2	无缝钢管	ϕ14×3	20
3	对焊冷凝容器	PN16,DN100,ϕ14	20
4	对焊式直通中间接头	PN16,ϕ14	C.S
5	五阀组	PN16,DN5	C.S

表 17-3　差压式测量有压设备液面管路连接（三阀组带分离容器）材料

件　号	材　料　名　称	材　料　规　格	材　质
1	对焊式异径活接头	PN16,ϕ22/ϕ14	C. S
2	无缝钢管	ϕ14×3	20
3	分离容器	PN16,DN100,3×ϕ14	20
4	三阀组	PN16,DN5	C. S
5	外螺纹截止阀	PN16,DN5,ϕ14	C. S
	外螺纹球阀	PN16,DN5,ϕ14	C. S
6	对焊式三通中间接头	PN16,ϕ14	C. S

表 17-4　差压式测量有压设备液面管路连接（三阀组）材料

件　号	材　料　名　称	材　料　规　格	材　质
1	对焊式异径活接头	PN16,ϕ22/ϕ14	C. S
2	无缝钢管	ϕ14×3	20
3	对焊式三通中间接头	PN16,ϕ14	C. S
4	三阀组	PN16,DN5	C. S
5	外螺纹截止阀	PN16,DN5,ϕ14	C. S
	外螺纹球阀	PN16,DN5,ϕ14	C. S

⑤ 图 17-8 中差压式测量有压或负压设备液面管路连接（五阀组带分离容器）材料见表 17-5。该方案适用于气相冷凝液不多而又能及时排除的情况。当测量负压时，需增加以虚线表示的阀门。

表 17-5　差压式测量有压或负压设备液面管路连接（五阀组带分离容器）材料

件　号	材　料　名　称	材　料　规　格	材　质
1	对焊式异径活接头	PN6.3,ϕ22/ϕ14	C. S
2	无缝钢管	ϕ14×2	20
3	分离容器	PN6.3,DN100,3×ϕ14	20
4	五阀组	PN16,ϕ14	C. S
5	外螺纹截止阀	PN2.5,DN5,ϕ14	C. S
	外螺纹球阀	PN2.5,DN5,ϕ14	C. S
6	对焊式三通中间接头	PN6.3,ϕ14	C. S

⑥ 图 17-9 中差压液面变送器在常压设备上安装（不带切断阀）材料见表 17-6。本图也适用于单平法兰。

表 17-6　差压液面变送器在常压设备上安装（不带切断阀）材料

件　号	材　料　名　称	材　料　规　格	材　质
1	等长双头螺柱	M	35
2	螺母	M	25
3	垫片		石棉橡胶

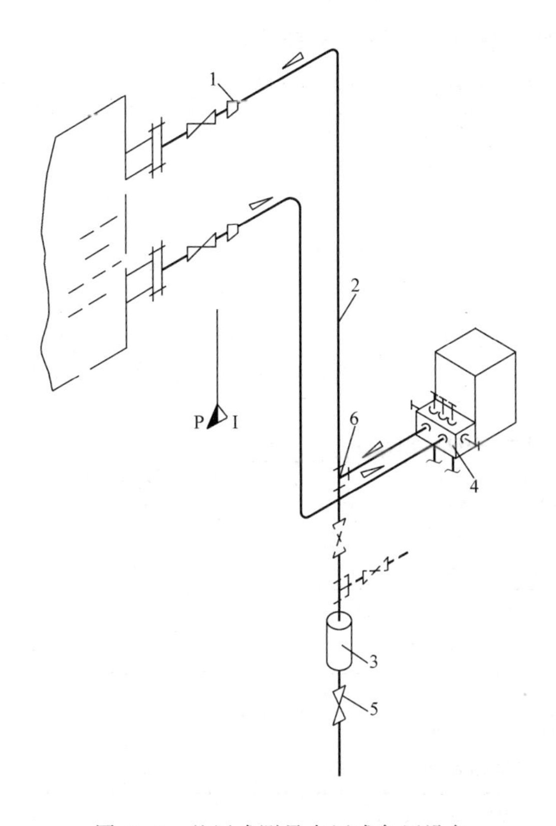

图 17-8　差压式测量有压或负压设备液面管路连接图（五阀组带分离容器）

1—对焊式异径活接头；2—无缝钢管；3—分离容器；4—五阀组；5—外螺纹截止阀（带外套螺母）、外螺纹球阀（带外套螺母）；6—对焊式三通中间接头

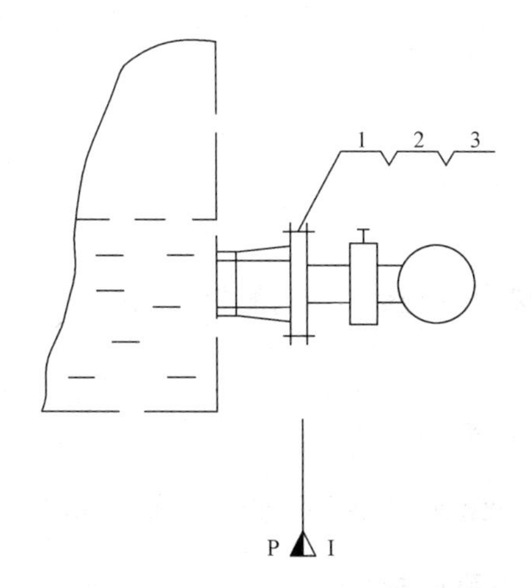

图 17-9　差压液面变送器在常压设备上安装图（不带切断阀）

1—等长双头螺柱；2—螺母；3—垫片

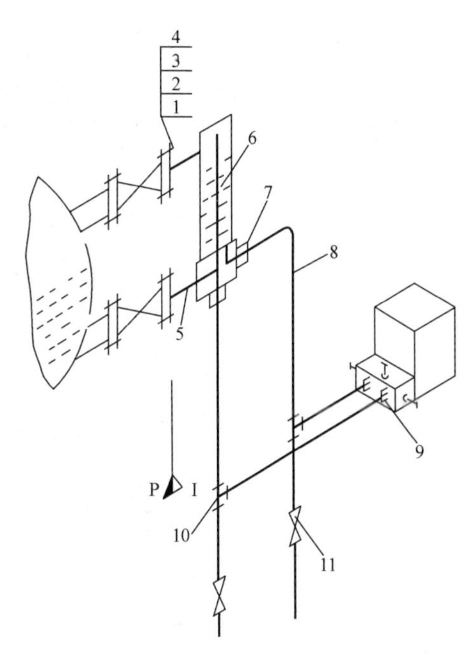

图 17-10　差压式测量锅炉汽包水位管路连接图（三阀组）

1—双头螺柱；2—螺母；3—垫片；4—凸面法兰；5，8—无缝钢管；6—双室平衡容器；7—对焊式直通终端接头；9—三阀组；10—对焊式三通中间接头；11—外螺纹截止阀（带外套螺母）、外螺纹球阀（带外套螺母）

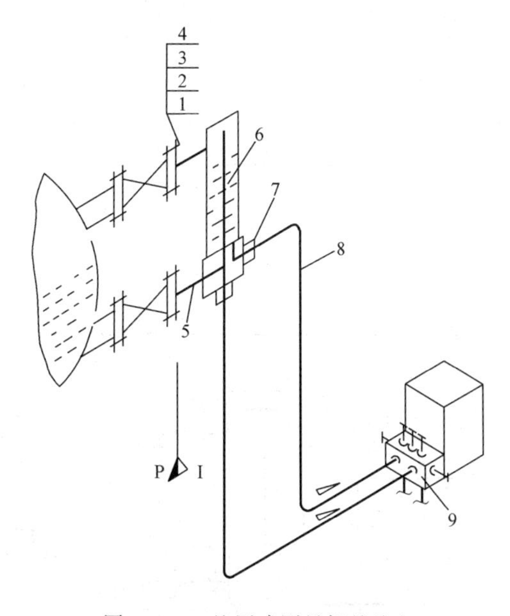

图 17-11　差压式测量锅炉汽包水位管路连接图（五阀组）

1—双头螺柱；2—螺母；3—垫片；4—凸面法兰；5，8—无缝钢管；6—双室平衡容器；7—对焊式直通终端接头；9—五阀组

⑦ 图 17-10 中差压式测量锅炉汽包水位管路连接（三阀组）材料见表 17-7。

表 17-7　差压式测量锅炉汽包水位管路连接（三阀组）材料

件　号	材　料　名　称	材　料　规　格	材　质
1	双头螺柱	M16×95	35
2	螺母	M16	25
3	垫片	ϕ50/26,δ=1.5	石棉橡胶
4	凸面法兰	PN6.3,DN20	C.S
5	无缝钢管	ϕ25×3	20
6	双室平衡容器	PN6.3	20
7	对焊式直通终端接头	PN6.3,ϕ14/M18×1.5	C.S
8	无缝钢管	ϕ14×2	20
9	三阀组	PN16,DN5	C.S
10	对焊式三通中间接头	PN6.3,ϕ14	C.S
11	外螺纹截止阀	PN6.3,DN10,ϕ14	C.S
	外螺纹球阀	PN6.3,DN10,ϕ14	C.S

⑧ 图 17-11 中差压式测量锅炉汽包水位管路连接（五阀组）材料见表 17-8。

表 17-8　差压式测量锅炉汽包水位管路连接（五阀组）材料

件　号	材　料　名　称	材　料　规　格	材　质
1	双头螺柱	M16×95	35
2	螺母	M16	25
3	垫片	ϕ50/26,δ=1.5	石棉橡胶
4	凸面法兰	PN6.3,DN20	C.S
5	无缝钢管	ϕ25×3	20
6	双室平衡容器	PN6.3	20
7	对焊式直通终端接头	PN6.3,ϕ14/M18×1.5	C.S
8	无缝钢管	ϕ14×2	20
9	五阀组	PN16,DN5	C.S

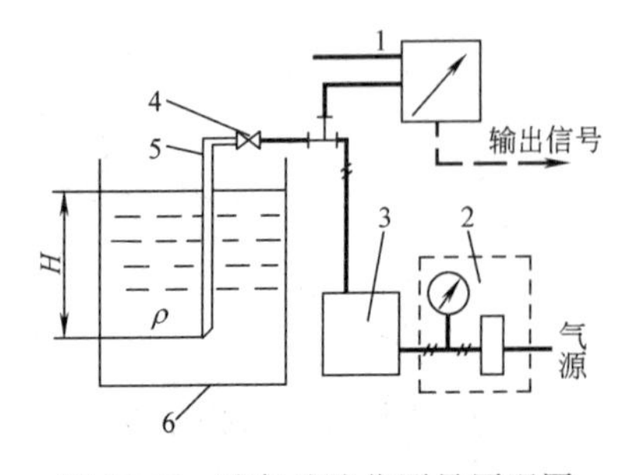

图 17-12　吹气法液位测量原理图

1—压力变送器；2—过滤器减压阀；3—稳压和流量调整组件（由针形阀、稳压继动器和转子流量计组成）；4—切断阀；5—吹气管；6—被测对象

17.3　吹气法压力式液位测量

17.3.1　基本组成

吹气法液位测量原理图如图 17-12 所示。

17.3.2　测量原理

空气经过滤、减压后经针形阀节流，通过转子流量计到达吹气切断阀入口，同时经三通阀进入压力变送器，而稳压器稳住转子流量计两端的压力，使空气压力稍微高于被测液柱的压力，而缓缓均匀地冒出气泡，这时测得的压力几乎接近液体的压力。

吹气法适宜于开口容器中黏稠或腐蚀介质的液位测量，方法简便可靠，应用广泛。但测量范围较小，较适用于卧式储罐。

17.3.3 仪表安装图

17.3.4 安装材料说明

① 图 17-13 中吹气法测量常压设备液面管路连接（限流孔板）材料见表 17-9。

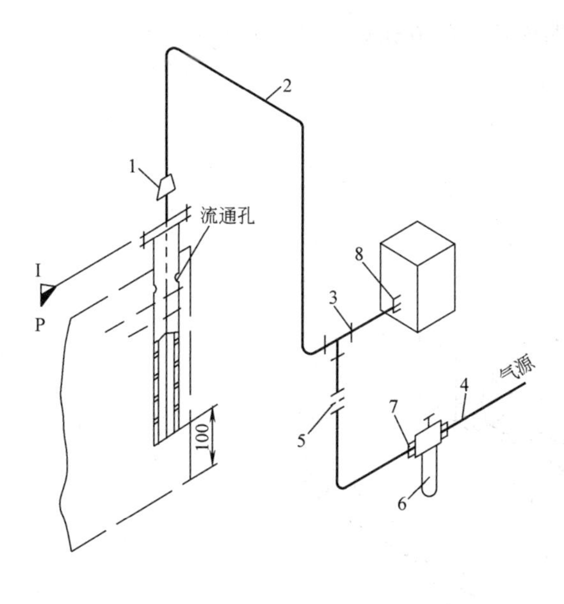

图 17-13 吹气法测量常压设备液面管路连接图（限流孔板）

1—对焊式异径活接头；2—无缝钢管；3—对焊式异径三通中间接头（中小）；4—铜管；5—限流孔板；6—空气过滤减压阀；7—压环式直通终端接头；8—对焊式直通终端接头

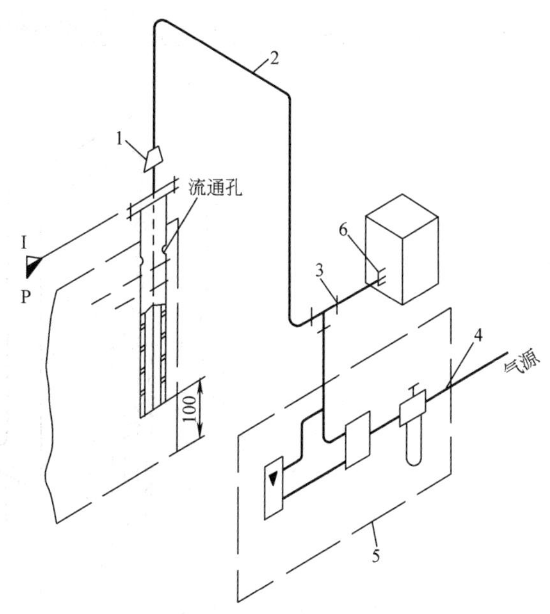

图 17-14 吹气法测量常压设备液面管路连接图（吹气装置）

1—对焊式异径活接头；2—无缝钢管；3—对焊式异径三通中间接头（中小）；4—铜管；5—吹气装置；6—对焊式直通终端接头

表 17-9 吹气法测量常压设备液面管路连接（限流孔板）材料

件　号	材　料　名　称	材　料　规　格	材　质
1	对焊式异径活接头	PN6.3,ϕ22/ϕ14	C.S
2	无缝钢管	ϕ14×2	20
3	对焊式异径三通中间接头(中小)	PN6.3,ϕ14 BW/ϕ6 FT	C.S
4	铜管	ϕ6×1	T3
5	限流孔板		C.S
6	空气过滤减压阀		C.S
7	压环式直通终端接头	M10×1/ϕ6	H62
8	对焊式直通终端接头	PN6.3,ϕ14/1/2″NPT	C.S

② 图 17-14 中吹气法测量常压设备液面管路连接（吹气装置）材料见表 17-10。

表 17-10　吹气法测量常压设备液面管路连接（吹气装置）材料

件　号	材　料　名　称	材　料　规　格	材　质
1	对焊式异径活接头	PN6.3,ϕ22/ϕ14	C.S
2	无缝钢管	ϕ14×2	20
3	对焊式异径三通中间接头(中小)	PN6.3,ϕ14 BW/ϕ6 FT	C.S
4	铜管	ϕ6×1	T3
5	吹气装置		
6	对焊式直通终端接头	PN6.3,ϕ14/1/2″NPT	C.S

③ 图 17-15 中吹气法测量有压设备液面管路连接（限流孔板）材料见表 17-11。

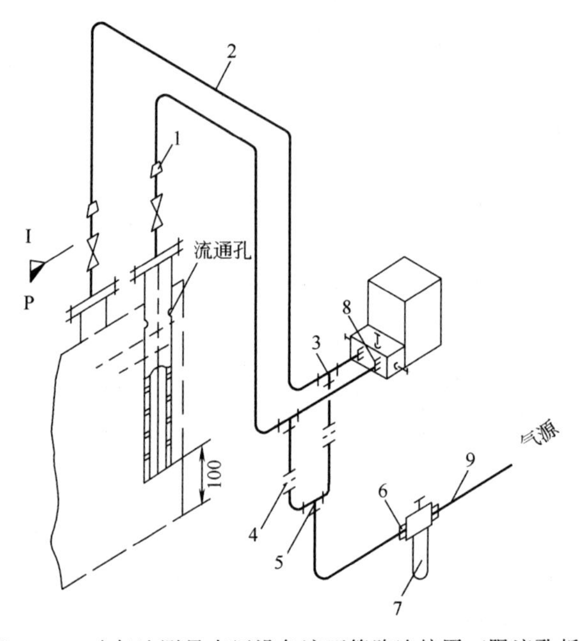

图 17-15　吹气法测量有压设备液面管路连接图（限流孔板）

1—卡套式异径活接头；2—无缝钢管；3—卡套式异径三通接头；4—限流孔板；5—压环式三通中间接头；6—压环式直通终端接头；7—空气过滤减压阀；8—三阀组；9—铜管

表 17-11　吹气法测量有压设备液面管路连接（限流孔板）材料

件　号	材　料　名　称	材　料　规　格	材　质
1	卡套式异径活接头	PN6.3,ϕ22/ϕ14(FT)	C.S
2	无缝钢管	ϕ14×2	C.S
3	卡套式异径三通接头	PN6.3,ϕ14/ϕ6	C.S
4	限流孔板		C.S
5	压环式三通中间接头	ϕ6	H62
6	压环式直通终端接头	M10×1/ϕ6	H62
7	空气过滤减压阀		
8	三阀组	PN16,DN5	C.S
9	铜管	ϕ6×1	T3

18 识读分析仪表安装图

18.1 分析仪表

自动成分分析仪表利用各种物质性质之间存在的差异，把所测得的成分或物质的性质转换成标准电信号，实现远送、指示、记录和控制。

18.1.1 过程分析仪表的组成

过程分析仪表主要由四部分组成，其组成原理如图 18-1 所示。

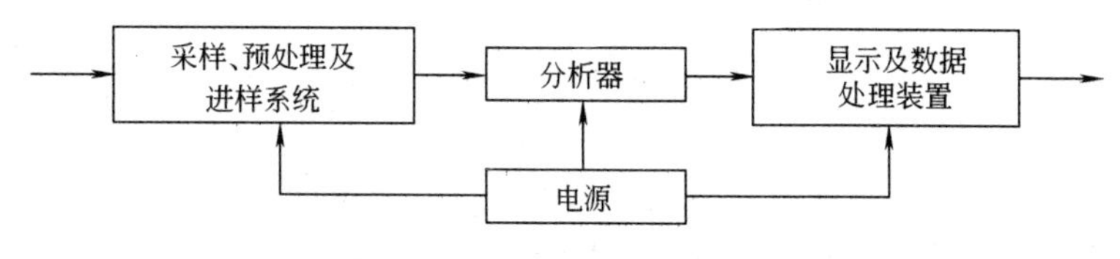

图 18-1 过程分析仪表的组成原理

18.1.1.1 采样、预处理及进样系统

采样、预处理及进样系统的作用是从流程中取出具有代表性的样品并使其成分符合分析检查对样品的状态条件的要求，送入分析器。为了保证生产过程能连续自动地供给分析器合格的样品，正确地取样并进行预处理是非常重要的。采样、预处理及进样系统一般由抽吸器、冷凝器、机械杂质及化学杂质过滤器、干燥器、转化器、稳压器、稳定器和流量指示器等组成。必须根据被分析的介质的物理化学性能进行选择。

18.1.1.2 分析器

分析器的功能是将被分析样品的成分量（或物性量）转换成可以测量的量。

18.1.1.3 显示及数据处理装置

用来指示、记录分析结果的数据，并将其转换成相应的电信号送入自动控制系统，以实现生产过程自动化。

18.1.1.4 电源

为整个仪器提供稳定、可靠的电源。

18.1.2 常用分析仪表

18.1.2.1 工业色谱仪

气相色谱分离法是一项新的分离技术，它分离效能高、分析速度快，样品用量少，并可进行多组分分析，是目前工业生产过程中应用最为普遍的一种成分分析仪，但是色谱仪不能连续进行分析。用于生产流程中的全自动气相色谱仪称为工业色谱仪。

工业色谱仪由取样系统、分析单元、程序控制器、数据处理及记录显示装置等部分组成，如图 18-2 所示。

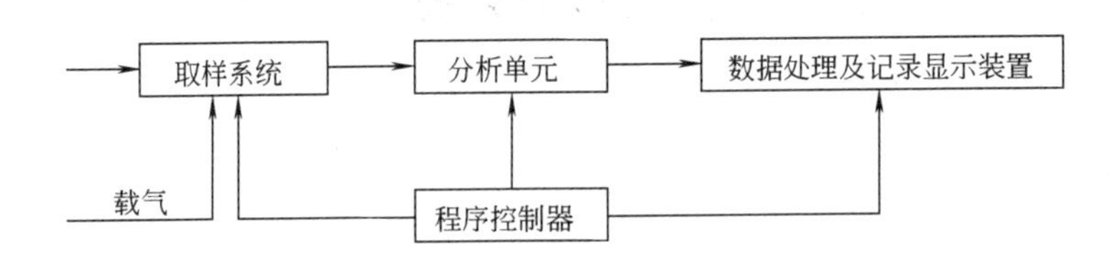

图 18-2　工业色谱仪的组成方框图

取样系统包括压力调节阀、过滤器、流量控制器、样品温度调节装置和流路切换阀等。其任务是清除试样和载气中可能存在的雾气、油类、水分、腐蚀性物质和机械杂质等，并使进入分析系统的气样和载气的压力和流量保持恒定。

分析单元由色谱柱、检测器、取压阀、色谱柱切换阀等部分组成。被分析气样在载气流的携带下进入色谱柱，在色谱柱中各组分按分配系数的不同被先后分离，依次流出，并经过检测器进行测定。

程序控制器按一定的时间程序，对取样、进样、流路切换、信号衰减、零位调整、谱峰记录及数据处理及记录显示等分析过程发出指令，进行自动操作。

数据处理装置将检测器的输出信号经过一定的数据处理后进行显示、记录，或通过计算机实现生产过程自动化。

18.1.2.2　氧量分析器

过程氧量分析器主要有两大类：一类是根据电化学法制成，如原电池法、固体电介质法（氧化锆分析仪）等；另一类是根据物理法制成，如热磁式（热磁式氧分析器）、磁力机械式等。

18.1.2.3　红外线分析器

红外线分析器是根据气体对红外线吸收原理制成的一种物理式分析仪器，它基于某些气体对不同波长的红外线辐射能具有选择性吸收的特性。当红外线通过混合气体时，气体中的被测组分吸收红外线的辐射能，使整个混合气体因受热而引起温度和压力增加。这种温度和压力的变化与被测气体组分的浓度有关，将这种变化转换成其他形式能量的变化，就能确定被测组分的浓度。

红外线分析器主要由以下部分组成：光源、样品室和参比室、滤光室、斩光器和检测室。

18.1.2.4　热导式气体分析器

热导式气体分析器用来分析混合气体中某一组分（称为待测组分）的含量。它是根据混合气体中待测组分含量的变化引起混合气体总的热导率变化这一物理特性来进行测量的。由于气体的热导率很小，直接测量困难，因此工业上常常把热导率的变化转化成热敏元件阻值的变化，从而可由测得的电阻值的变化，得知待测组分含量的多少。

18.2 常用分析仪表安装图

管路图按照分析器种类，并根据测量对象及其操作压力和温度加以划分。因此有些管路图虽然分析器种类不同，但却是通用的。有些分析器不需要预处理装置，仅需要取样接管、取样阀或将其直接连接到管道上。

常用分析仪表安装图如图 18-3～图 18-8 所示。

18.3 安装材料说明

18.3.1 热导式红外线气体分析器

图 18-3 中热导式红外线气体分析器管路连接系统的安装材料见表 18-1。化学处理系统由分析器配带或现场组配，根据实际情况决定。水封、放空管是按通用形式考虑的，根据分析点数的多少选用相应的尺寸。

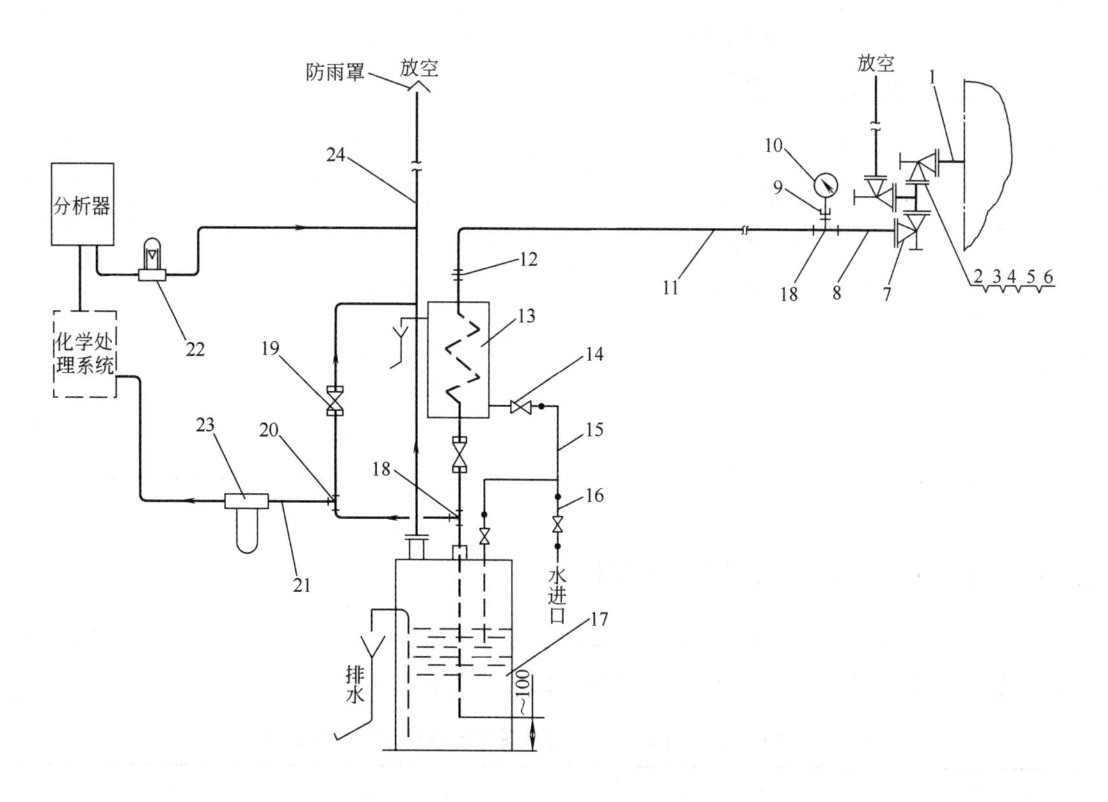

图 18-3 热导式红外线气体分析器管路连接系统图

1—高压引出口；2—透镜垫密封螺纹法兰；3—透镜垫；4—角式截止阀；5—双头螺栓；6—六角螺母；7—角式节流阀；8，11，15，21—钢管；9—压力表直通接头；10—压力表；12—直通中间接头；13—冷却罐；14—内螺纹截止阀；16—短节；17—水封；18—三通中间接头；19—卡套式截止阀；20—三通异径接头；22—转子流量计；23—检查过滤器；24—放空管

表 18-1　热导式红外线气体分析器管路连接系统的安装材料

件　号	材　料　名　称	材　料　规　格	材　质
1	高压引出口		
2	透镜垫密封螺纹法兰	DN6	35
3	透镜垫	DN6	20
4	角式截止阀	GJ44H-320,DN3	C. S
5	双头螺栓	M14×2,L=80	40
6	六角螺母	M14	25
7	角式节流阀	GL44H-320,DN3	C. S
8	钢管	ϕ14×4	
9	压力表直通接头		C. S
10	压力表	Y-150,0～2.5kgf/cm²①	
11	钢管	ϕ14×2	10
12	直通中间接头		C. S
13	冷却罐		C. S
14	内螺纹截止阀	J11X-10K,DN15	C. S
15	钢管	ϕ22×3	10
16	短节	ZG1/2″	Q235
17	水封		C. S
18	三通中间接头	ϕ14	C. S
19	卡套式截止阀	JJ・Y1,PN64,DN5	C. S
20	三通异径接头	ϕ14/ϕ6	Q235
21	钢管	ϕ6×1	1Cr18Ni9Ti
22	转子流量计	ZL-1	
23	检查过滤器		
24	放空管		10

① 1kgf/cm² = 98.0665kPa，下同。

18.3.2　CO、CO_2 红外线气体分析器

图 18-4 中 CO、CO_2 红外线气体分析器管路连接系统图的安装材料见表 18-2。适用于合成氨精炼气中微量 CO_2 或 CO+CO_2 的分析。化学处理系统由现场组配。

表 18-2　CO、CO_2 红外线气体分析器管路连接系统的安装材料

件　号	材　料　名　称	材　料　规　格	材　质
1	高压引出口	PN320,DN6	
2	透镜垫密封螺纹法兰	DN6	35
3	角式截止阀	GJ44H-320,DN3	C. S
4	透镜垫	DN6	20
5	双头螺栓	M14×2,L=80	40

续表

件　号	材　料　名　称	材　料　规　格	材　质
6	六角螺母	M14	25
7	压力表	Y-60Z,0～16kgf/cm^2	
8	减压阀		
9	钢管	ϕ6×1	1Cr18Ni9Ti
10	橡胶管	ϕ6	
11	胶管夹		
12	钢管	ϕ14×4	20
13	直通终端接头	M18×1.5/ϕ4	Q235
14	直通终端接头	M10×1/ϕ6	Q235
15	检查过滤器		
16	等径三通接头	ϕ6	Q235
17	干燥瓶		玻璃
18	转子流量计	ZL-1	
19	放空管	ϕ18×3	10
20	角式节流阀	GL44H-320	C. S

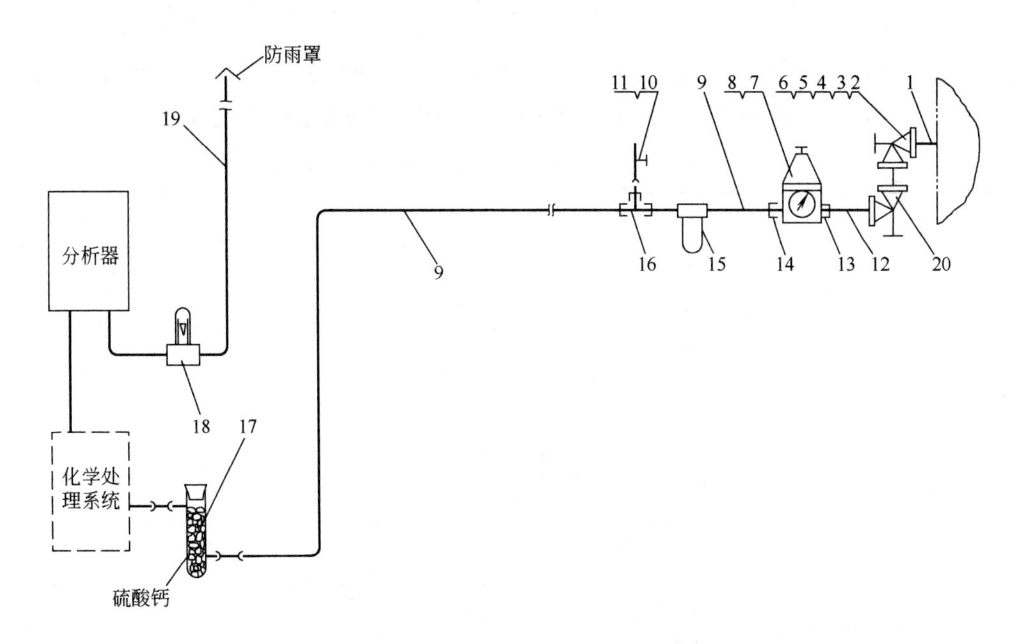

图 18-4　CO、CO_2 红外线气体分析器管路连接系统图

1—高压引出口；2—透镜垫密封螺纹法兰；3—角式截止阀；4—透镜垫；5—双头螺栓；6—六角螺母；7—压力表；8—减压阀；9，12—钢管；10—橡胶管；11—胶管夹；13，14—直通终端接头；15—检查过滤器；16—等径三通接头；17—干燥瓶；18—转子流量计；19—放空管；20—角式节流阀

18.3.3　合成氨用工业色谱仪

图 18-5 中合成氨用工业色谱仪管路连接系统的安装材料见表 18-3。程序控制切换开关

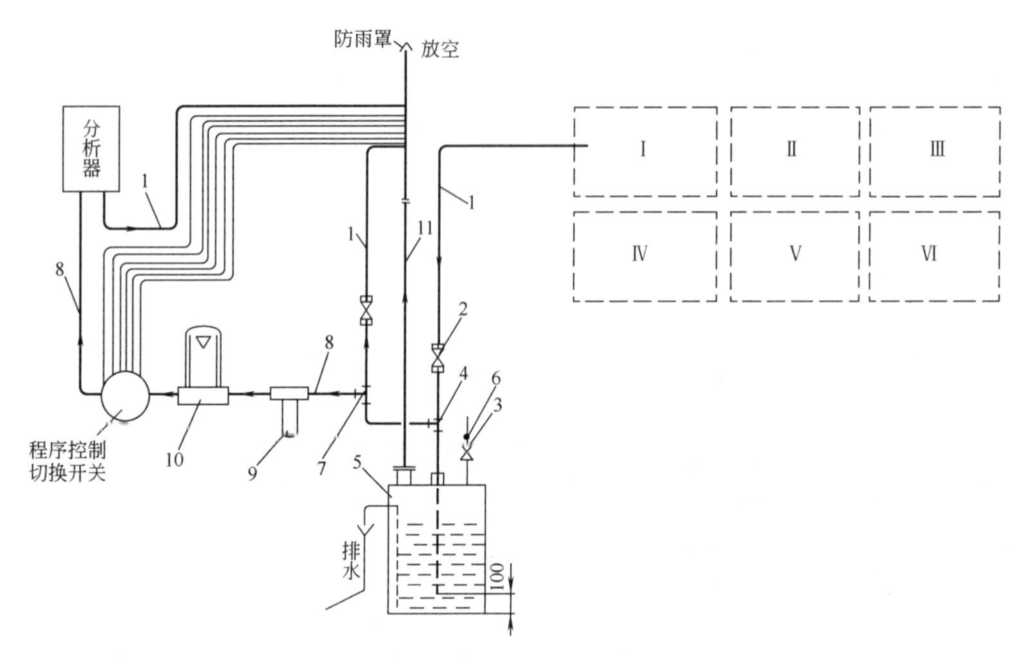

图 18-5 合成氨用工业色谱仪管路连接系统图

1—无缝钢管；2—卡套式截止阀；3—内螺纹截止阀；4—三通中间接头；5—水封；6—短节；7—三通异径接头；8—不锈钢管；9—检查过滤器；10—转子流量计；11—钢管

属于分析仪表的辅助装置。件号 9 和 10 仪表需配套，否则要另行购置。虚线框内Ⅰ，Ⅱ，Ⅲ，…，Ⅵ表示六个不同的流路，其形式及所包括的材料必须根据被测对象确定。

表 18-3 合成氨用工业色谱仪管路连接系统的安装材料

件号	材料名称	材料规格	材质
1	无缝钢管	$\phi 14\times 2$	10
2	卡套式截止阀	JJ・Y1,PN64,DN5	C. S
3	内螺纹截止阀	J11X-10K,DN15	C. S
4	三通中间接头	$\phi 14$	C. S
5	水封		C. S
6	短节	ZG1/2″	Q235
7	三通异径接头	$\phi 14/\phi 6$	C. S
8	不锈钢管	$\phi 6\times 1$	不锈钢
9	检查过滤器		
10	转子流量计	ZL-1	
11	钢管	DN50	Q235

18.3.4 二氧化硫分析器

图 18-6 中二氧化硫分析器管路连接系统的安装材料见表 18-4。件号 14 和 15 仪表需配套，否则要另行购置。图中所示适用 2 段 $T\leqslant 300$℃的场合，若取样在 SO_2 鼓风机出口，$T\leqslant 60$℃时，则可不安装碳化硅过滤器。

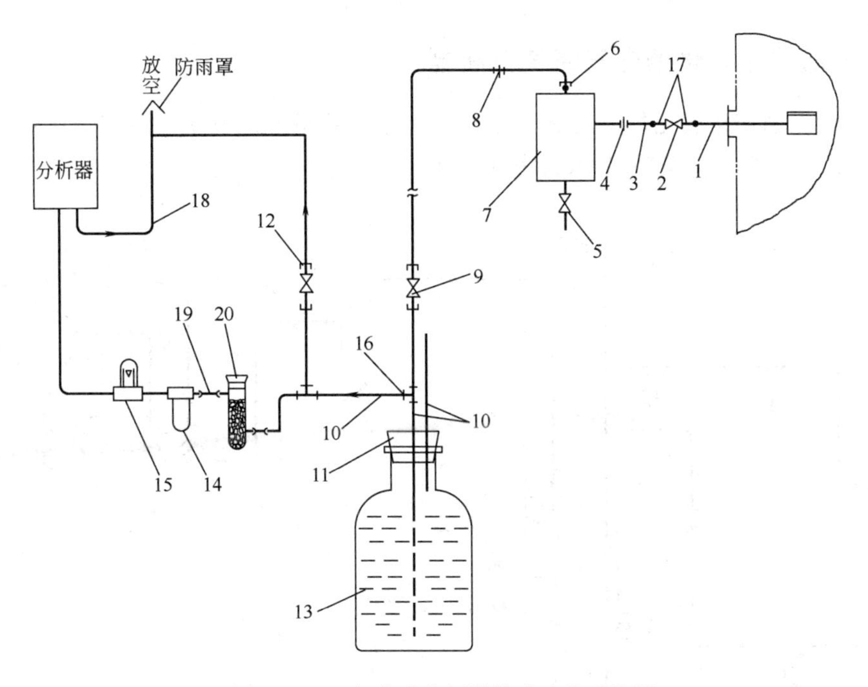

图 18-6 二氧化硫分析器管路连接系统图

1—碳化硅过滤器取源部件；2—内螺纹闸阀；3—碳钢管；4—活接头；5—内螺纹截止阀；6—终端焊接接头；7—除尘器；8—直通异径接头；9—球阀；10—塑料管；11—橡皮塞；12—直通终端接头；13—油封；14—过滤器；15—转子流量计；16—三通接头；17—短节；18—无缝钢管；19—橡胶管；20—干燥瓶

表 18-4 二氧化硫分析器管路连接系统的安装材料

件 号	材 料 名 称	材 料 规 格	材 质
1	碳化硅过滤器取源部件		
2	内螺纹闸阀	Z11H-40,PN40,DN15	
3	碳钢管	$\phi 2''$	C. S
4	活接头		C. S
5	内螺纹截止阀	J11X-10K,DN15	C. S
6	终端焊接接头	$\phi 14$	C. S
7	除尘器		C. S
8	直通异径接头	$\phi 14/\phi 6$	C. S
9	球阀	$1/4''$	尼龙
10	塑料管	$\phi 6$	聚氯乙烯
11	橡皮塞		
12	直通终端接头	KG1/4″	尼龙
13	油封		玻璃瓶
14	过滤器		
15	转子流量计	ZL-1	
16	三通接头	$\phi 6$	尼龙
17	短节	ZG1/2″	C. S
18	无缝钢管	$\phi 14 \times 2$	C. S
19	橡胶管	$\phi 6$	
20	干燥瓶		玻璃

18.3.5 石油催化裂化烟道气氧气分析器

图 18-7 中石油催化裂化烟道气氧气分析器管路连接系统的安装材料见表 18-5。当需要装设两套磁氧分析器时，零件 17 水封为共用件。

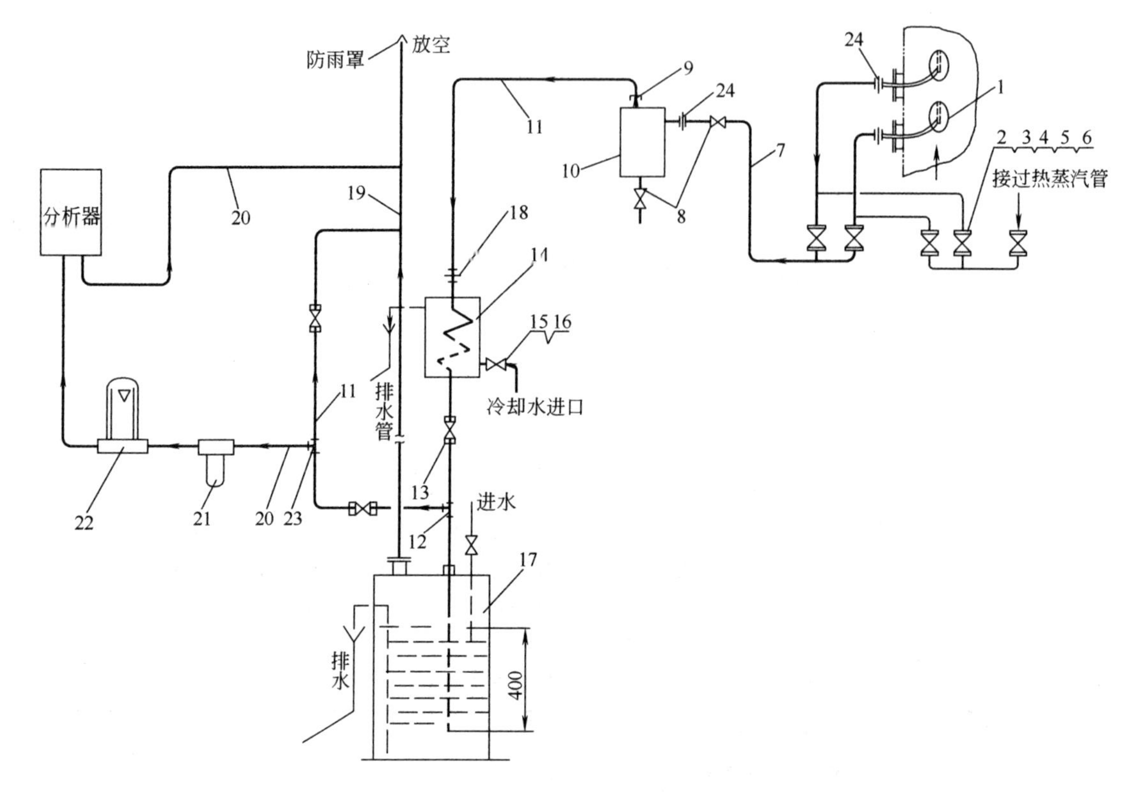

图 18-7 石油催化裂化烟道气氧气分析器管路连接系统图

1—流线形采样器；2—凸面法兰；3—螺母；4—螺栓；5—垫片；6—闸板阀；7，11—无缝钢管；8，15—内螺纹截止阀；9—终端焊接接头；10—除尘器；12—三通中间接头；13—卡套式截止阀；14—冷却罐；16—短节；17—水封（两路）；18—直通中间接头；19—钢管；20—不锈钢管；21—检查过滤器；22—转子流量计；23—三通异径接头；24—活接头

表 18-5 石油催化裂化烟道气氧气分析器管路连接系统的安装材料

件 号	材 料 名 称	材 料 规 格	材 质
1	流线形采样器		
2	凸面法兰	PN40,DN20	Q235
3	螺母	AM12	Q235
4	螺栓	M12×50	Q255
5	垫片	ϕ50/20,δ=1.5	橡胶石棉板
6	闸板阀	Z40H-40,PN40,DN20	C.S
7	无缝钢管	ϕ25×3	10
8	内螺纹截止阀	J11X-10K,PN10,DN25	C.S
9	终端焊接接头	ϕ14	C.S

续表

件号	材料名称	材料规格	材质
10	除尘器		C.S
11	无缝钢管	$\phi14\times2$	10
12	三通中间接头		C.S
13	卡套式截止阀	JJ·Y1,PN64,DN5	C.S
14	冷却罐		C.S
15	内螺纹截止阀	J11X-10K,PN10,DN15	C.S
16	短节	ZG1/2″	10
17	水封(两路)		C.S
18	直通中间接头	$\phi14$	C.S
19	钢管	DN40	Q235
20	不锈钢管	$\phi6\times1$	
21	检查过滤器		
22	转子流量计	ZL-1	
23	三通异径接头	$\phi14/\phi6$	C.S
24	活接头		C.S

18.3.6 液化烯烃全组分分析

图 18-8 中液化烯烃全组分分析管路连接系统的安装材料见表 18-6。件号 18 仪表需配

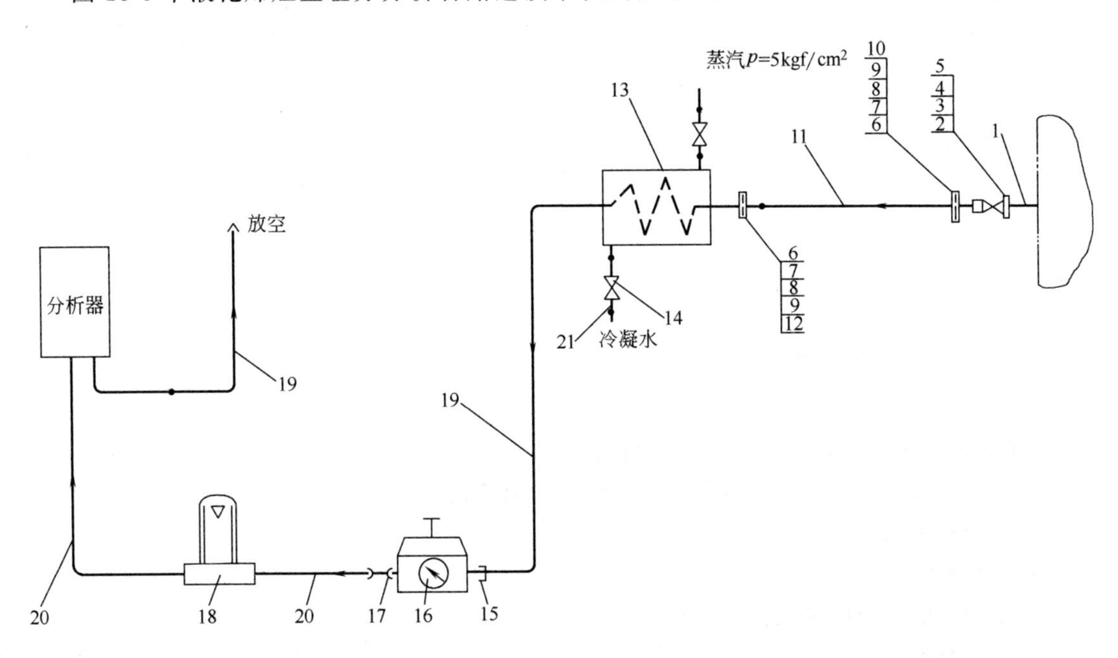

图 18-8　液化烯烃全组分分析管路连接系统图

1—法兰接管；2，7—螺栓；3，8—螺母；4，9—垫片；5—取压截止阀；6—凹凸面法兰；10，12—节流孔板；11，19—无缝钢管；13—汽化罐；14—内螺纹截止阀；15—直通终端接头；16—减压阀；17—橡胶管；18—转子流量计；20—不锈钢管；21—短节

套，否则要另行购置。

表 18-6 液化烯烃全组分分析管路连接系统的安装材料

件　号	材料名称	材料规格	材　质
1	法兰接管	PN64,DN10,H=150	
2	螺栓	M12×40	35
3	螺母	AM12	25
4	垫片	ϕ29/10,δ=1.5	橡胶石棉板
5	取压截止阀	JJ·BY1,PN64,DN5	C.S
6	凹凸面法兰	PN64,DN10	20
7	螺栓	M12×60	35
8	螺母	AM12	25
9	垫片	ϕ34/10,δ=1.5	橡胶石棉板
10	节流孔板	ϕ32/1,δ=3	1Cr18Ni9Ti
11	无缝钢管	ϕ8×1	不锈钢
12	节流孔板	ϕ32/0.1,δ=3	1Cr18Ni9Ti
13	汽化罐		C.S
14	内螺纹截止阀	J13H-160,DN15	C.S
15	直通终端接头	G1/2″/ϕ14	C.S
16	减压器	QA3-25/0.6	
17	橡胶管	ϕ6	
18	转子流量计	ZL-1	
19	无缝钢管	ϕ14×2	
20	不锈钢管	ϕ6×1	不锈钢
21	短节	ZG1/2″	10

18.4 安装使用注意事项

工业分析仪表通常由以下六大部分组成。

① 取样装置，如果介质是负压，还必须有抽吸装置。

② 预处理系统。

③ 检测系统。

④ 测量及信号处理系统。

⑤ 显示装置。

⑥ 补偿装置及辅助装置。

安装时以这六大部分为重点。工业分析仪表的安装主要在于它的取样与配管，图18-3～图 18-8 是常用的几种分析仪表的配管图。管路图按照分析器种类，并根据操作压力、温度加以划分。虽然分析器种类不同，但管路却是通用的。

分析取样的取源部件基本上可参照压力取源部件的要求，但是它要求取源部件安装位置选在压力稳定、灵敏，反映真实成分，具有代表性的被分析介质的地方。

当被分析气体内含有固体或液体杂质时，取源部件的轴线与水平线之间的仰角要大于 15°。

参 考 文 献

1 陆德民，张振基，黄步余编．石油化工自动控制设计手册．第3版．北京：化学工业出版社，1999

2 孙洪程，翁唯勤编．过程控制工程设计．北京：化学工业出版社，2001

3 中华人民共和国国家石油和化学工业局．化工装置自控工程设计规定（HG/T 20636～20639）．北京：全国化工工程建设标准编辑中心，1998

4 中华人民共和国国家石油和化学工业局．化工自控设计规定（HG/T 20505，20507～20513—2000）．北京：全国化工工程建设标准编辑中心，2001

5 中华人民共和国化学工业部．自控安装图册（HG/T 21581—95）．兰州：化工部自动控制设计技术中心站，1997

6 新旧电气图形符号对照读本编写组．新旧电气图形符号对照读本．北京：兵器工业出版社，1991

7 GB 2624—81 中华人民共和国国家标准·过程检测和控制流程图用图形符号和文字代号

8 张德泉编．化工自动化工程毕业设计．北京：化学工业出版社，1995

9 中国石油化工总公司．石油化工设备维护检修规程·仪表．北京：中国石化出版社，1992

10 兰州化学工业公司设计院．炼油化工设计通用图·自动控制安装图册．北京：化学工业出版社，1980

内 容 提 要

本书以仪表工读图、识图和制图能力培养为目标，主要介绍管道仪表流程图(P&ID)、自控工程图和仪表安装图的识读和绘制方法。内容浅显易懂，素材新颖，实用性强。

为方便读者阅读和使用，本书还配套光盘一张，将书稿中的大部分图片文件放于光盘中，供读者查阅，其中部分由 AutoCAD 绘制的图稿文件还可以供读者再次加工使用。

本书可作为化工、石油化工、炼油、冶金、电力、轻工、食品等行业从事工业自动化仪表的技术工人技能培训和自学用书，也可以作为从事本行业的工程技术人员和大中专院校师生的参考书。